教育部高等学校计算机类专业教学指导委员会–华为ICT产学合作项目
物联网实践系列教材

华为信息与网络
技术学院指定教材

华为云物联网平台
技术与实践

Huawei Cloud IoT Platform
Technology and Practice

黄焱 杨林 ◉ 编著

U0177360

人民邮电出版社
北京

图书在版编目（CIP）数据

华为云物联网平台技术与实践 / 黄焱，杨林编著
. -- 北京 : 人民邮电出版社，2020.10
物联网实践系列教材
ISBN 978-7-115-53016-5

Ⅰ. ①华… Ⅱ. ①黄… ②杨… Ⅲ. ①互联网络—应
用—教材②智能技术—应用—教材 Ⅳ. ①TP393.4
②TP18

中国版本图书馆CIP数据核字(2019)第281975号

内 容 提 要

　　本书详细介绍了华为云物联网平台的关键技术和集成开发案例。全书共分为 7 章，分别是物联网
基础、华为云物联网平台概述、华为云物联网平台的行业解决方案、华为云物联网平台的核心能力、
华为云物联网平台的安全管理、华为云物联网平台集成开发基础和华为云物联网平台集成开发案例。

　　本书可以作为高校物联网工程、计算机科学与技术、通信工程等专业高年级学生的教材，能够满
足初学者了解和学习华为云物联网平台的基本需求，也可以作为信息、通信、控制、工程等相关领域
技术人员的参考材料。

◆ 编　著　黄　焱　杨　林
　　责任编辑　左仲海
　　责任印制　王　郁　马振武

◆ 人民邮电出版社出版发行　　北京市丰台区成寿寺路 11 号
　　邮编　100164　电子邮件　315@ptpress.com.cn
　　网址　https://www.ptpress.com.cn
　　北京虎彩文化传播有限公司印刷

◆ 开本：787×1092　1/16
　　印张：9.25　　　　　　　　　2020 年 10 月第 1 版
　　字数：213 千字　　　　　　　2024 年 8 月北京第 4 次印刷

定价：39.80 元

读者服务热线：(010)81055256　印装质量热线：(010)81055316
反盗版热线：(010)81055315
广告经营许可证：京东市监广登字 20170147 号

5G 网络的建设与商用、NB-IoT 等低功耗广域网的广泛应用推动了以物联网为核心的新技术迅猛发展。当前物联网在国际范围内得到认可，我国也出台了国家层面的发展规划，物联网已经成为新一代信息技术重要组成部分，物联网发展的大趋势已经十分明显。2018 年 12 月 19 日至 21 日，中央经济工作会议在北京举行，会议重新定义了基础设施建设，把 5G、人工智能、工业互联网、物联网定义为"新型基础设施建设"。物联网正在推动人类社会从"信息化"向"智能化"转变，促进信息科技与产业发生巨大变化。物联网已成为全球新一轮科技革命与产业变革的重要驱动力，物联网技术正在推动万物互联时代的开启。

我国在物联网领域的进展很快，完全有可能在物联网的某些领域引领潮流，从跟跑者变成领跑者。但物联网等新技术快速发展使得人才出现巨大缺口，高校需要深化机制体制改革，推进人才培养模式创新，进一步深化产教融合、校企合作、协同育人，促进人才培养与产业需求紧密衔接，有效支撑我国产业结构深度调整、新旧动能接续转换。

从 2009 年开始到现在，国内对物联网的关注和推广程度都比国外要高。我很高兴看到由高校教学一线的教育工作者与华为技术有限公司技术专家联合成立的编委会，能共同编写"物联网实践系列教材"，这样可以将物联网的基础理论与华为技术有限公司相关系列产品深度融合，帮助读者构建完善的物联网理论知识和工程技术体系，搭建基础理论到工程实践的知识桥梁。华为自主原创的物联网相关核心技术不仅在业界中得到了广泛应用，而且在这套教材中得到了充分体现。

我们希望培养具备扎实理论基础，从事工程实践的优秀应用型人才，这套教材就很好地做到了这一点：涵盖基础应用、综合应用、行业应用三大方向，覆盖云、管、边、端。系列教材体系完整、内容全面，符合物联网技术发展的趋势，代表物联网领域的产业实践，非常值得在高校中进行推广。希望读者在学习后，能够构建起完备的物联网知识体系，掌握相关的实用工程技能，未来成为优秀的应用型人才。

中国工程院院士　倪光南

2020 年 4 月

丛书序二 FOREWORD

随着 5G、人工智能、云计算和区块链等新技术的应用发展，数字化技术正在重塑这个世界，推动着人类走向智能社会。这些新技术与物联网技术交织、碰撞和融合，物联网技术将进入万物互联的新阶段。

目前，我国物联网正加速进入新阶段，实现跨界融合、集成创新和规模化发展。人才是产业发展的基石。在工业和信息化部编制的《信息通信行业发展规划物联网分册（2016—2020 年）》中更是强调了需要"加强物联网学科建设，培养物联网复合型专业人才"。物联网人才培养的重要性，可见一斑。

华为始终聚焦使用 ICT 技术推动各行各业的数字化，把数字世界带入每个人、每个家庭、每个组织，构建万物互联的智能世界。华为云 IoT 服务秉承"联万物，+智能，为行业"的理念，发展涵盖芯、端、边、管、云的 IoT 全栈云服务，携手行业伙伴打造 AIoT 行业解决方案，培育万物互联的黑土地，全面加速企业数字化转型，助力物联网产业全面升级。

随着产业数字化转型不断推进，国家数字化人才建设战略不断深入，社会对 ICT 人才的知识体系和综合技能提出了更高挑战。健康可持续的 ICT 人才链，是产业链发展的基础。华为始终坚持构建良性人才生态，激发产业持续活力。2020 年，华为正式发布了"华为 ICT 学院 2.0"计划，旨在联合海内外各地的高校，在未来 5 年内培养 200 万 ICT 人才，持续为 ICT 产业输送新鲜血液，促进 ICT 产业的欣欣向荣。

教材建设是高校人才培养改革的重要举措，这套教材是学术界与产业界理论实践结合的产物，是华为深入高校物联网人才培养的重要实践。在此，请让我向本套教材的各位作者表示由衷的感谢，没有你们一年的辛勤和汗水，就没有这套教材的输出！

同学们、朋友们，翻过这篇序言，你们将开启物联网的学习探索之旅。愿你们能够在物联网的知识海洋里，尽情遨游，展现自我！

华为公司副总裁　云 BU 总裁　郑叶来

2020 年 4 月

前言 PREFACE

近年来，物联网产业发展迅速，物联网的规模和影响力不断扩大，联网设备的数量持续增加，物联网产业成为我国战略性新兴产业之一，物联网平台成为运营商面向物联世界的核心控制点。随着移动宽带的迅猛发展，越来越多的人、企业、组织和机构加入了全连接的世界。连接已经成为了一种新的常态，并向着更高速、零等待、无所不在、安全、可靠的方向发展。全连接的世界正以超乎想象的速度与力量对人类社会的政治、经济、商业、文明、生产方式等进行全面重塑。

面对这个全连接的世界，华为公司提供了行业应用、云平台、边缘计算、接入网络和终端设备等解决方案。华为云物联网平台是一个终端接入解耦、平台与应用分离、安全可靠的平台，其以云服务的方式，使设备厂商能快速具备对海量连接的管理能力。华为云物联网平台向上提供开发的 API 接口和 SDK 包，支持集成智慧家庭、车联网、智能抄表等行业应用；向下支持无线、固定接入等接入方式，通过 IoT Agent 适配不同厂家的传感器，便于接入海量设备。华为云物联网平台面向行业整合大颗粒业务，通过 API 开放、业务编排以及数据开放来降低产品成本、缩短开发周期，实现与上下游伙伴产品的无缝连接，可解决数据存储、检索、使用、被滥用等问题。

本书对华为云物联网平台进行了详细介绍，全书共 7 章。第 1 章概述物联网的基本概念、通信技术、架构，并介绍华为物联网全栈解决方案；第 2 章对华为云物联网平台的定位、价值、架构、业务功能、接入协议进行讲解；第 3 章基于华为云物联网平台给出智慧停车、智慧照明、智慧消防和智慧排水的行业解决方案；第 4～5 章对华为云物联网平台的核心能力和安全管理进行介绍；第 6 章对华为云物联网平台集成开发的基础知识进行了详细介绍；第 7 章给出一个详细的华为云物联网平台集成开发案例。本书知识结构紧凑，通过具体的案例介绍物联网平台的使用，方便读者快速入手。

在本书的写作过程中，华为公司的杨林负责统筹总体架构、章节评审和统稿，淮阴师范学院的黄焱负责各章内容的组织编写工作。本书的写作得到了华为物联网团队的大力支持，尤其是魏彪、赵金勇、唐妍等人对本书的写作提出了诸多意见和建议。经许可，本书参考并引用了华为物联网团队的工作文档，在此对他们表示衷心的感谢。物联网平台的最新介绍请参照华为云帮助中心的设备管理相关文档。由于编者的水平和精力有限，书中难免有不妥之处，敬请各位读者批评指正。

编 者

2020 年 3 月

目录 CONTENTS

第 1 章

物联网基础

01

物联网（The Internet of Things，IoT）是"万物相连的互联网"，是将各种信息传感设备与互联网结合起来而形成的一个巨大网络，以实现人、机、物的互连互通。了解物联网通信技术、物联网业务结构等是学习华为云物联网平台的基础。因此，在讲解华为云物联网平台之前，首先介绍这些基础知识。

学习目标

① 了解物联网的定义、起源和发展。

② 掌握物联网的两类通信方法及其包含的通信技术。

③ 掌握物联网的 4 层结构，理解每一层的作用。

④ 掌握华为物联网全栈解决方案。

1.1　物联网的概念

物联网是新一代信息技术的重要组成部分，也是信息化时代的重要产物。物联网就是物物相连的互联网，它包含两层意思：物联网的核心和基础仍然是互联网，它是在互联网基础上延伸和扩展的网络；物联网的用户端延伸和扩展到了物体与物体之间，在物体之间进行信息交换和通信，也就是物物"相息"。

物联网通过智能感知、识别与普适计算等通信感知技术，被广泛应用于网络的融合中，也因此，其被称为继计算机、互联网这两个世界信息产业发展浪潮之后的第三次浪潮。物联网是互联网的应用拓展，应用创新是物联网发展的核心，以用户体验为核心的创新 2.0 是物联网发展的灵魂。

1. 物联网的定义

物联网（The Internet of Things，IoT）是指通过信息传感器、射频识别技术（Radio Frequency Identification，RFID）、全球定位系统（Global Positioning System，GPS）、红外感应器、激光扫描器等各种装置与技术，实时采集任何需要监控、连接、互动的物体或过程的声、光、热、电、力学、化学、生物、位置等信息，通过各类可能的网络接入，实现物与物、物与人的泛在连接，实现对物品和过程的智能化感知、识别和管理。物联网是一个基于互联网、传统电信网等的信息承载体，它让所有能够被独立寻址的普通物理对象之间形成互连互通的网络。

2. 物联网的起源和发展

1990 年，施乐公司发售了网络可乐贩卖机（Networking Coke Machine），这种可以监测出机器内可乐是否有货、温度是否够低并且能够联网的贩卖机开创了物联网的先河。

在 1995 年出版的《未来之路》一书中，比尔·盖茨提及了物联网的概念，由于当时无线网络、硬件及传感设备的发展程度有限，物联网概念的提出并未引起世人的重视。

1999 年，美国麻省理工学院自动识别中心的凯文·阿什顿（Kevin Ashton）教授用物联网来形容由 RFID 和其他传感器组成的全球标准系统，这说明物联网最早的定义和应用是以 RFID 和传感器为核心的。

2005 年，国际电信联盟（ITU）发布的《ITU 互联网报告 2005：物联网》扩充了物联网的含义，将 RFID、传感网技术、智能器件、纳米技术和小型化技术作为引导物联网发展的技术。

2008 年，第一届国际物联网大会在瑞士苏黎世举行。正是这一年，物联网设备的数量首次超过了地球上人口的数量。

2010 年，物联网作为战略性新兴产业被写入我国当年的《政府工作报告》中，该报告从政府层面给出了物联网的定义：物联网是指通过信息传感设备，按照约定的协议，把任何物品与互联网连接起来，进行信息交换和通信，以实现智能化识别、定位、跟踪、监控和管理的一种网络。它是在互联网基础上延伸和扩展的网络。

2012 年谷歌公司发布了谷歌眼镜，这是物联网和可穿戴技术的一个革命性进步。

2017 年，华为发布了"平台+连接+生态"的企业物联网战略，OceanConnect 物联网平台和无线综合接入能力是其最大亮点，该战略不仅为企业客户提供了智慧的平台和灵活的接入方式，还向生态伙伴充分开放物联网平台的能力，以便共同打造全面的物联网解决方案，支撑各领域客户更快地向智能化转型。

3. 生活中的物联网应用

随着物联网的逐步发展和普及，人们的生活都将步入物联时代。下面介绍物联网在生活中的几种应用。

（1）共享单车：通过在车身锁内集成嵌入式芯片、GPS 模块和 SIM 卡，运营者可以随时监控自行车的具体位置；用户通过手机 App 可以查看附近的自行车，通过地图引导可找到自行车，并扫描二维码开锁，完成付费和行驶线路记录。

（2）智慧医疗：通过在身体内放置具有物联网功能的小型医疗仪器，医生可以 24 小时监控患者的血压、脉搏等生理参数，而不受患者所在位置的限制。

（3）智能泊车：用户驾车驶入停车场，无须为寻找泊车位劳神，车载终端会自动显示导航信息，将用户引导到最近的停泊位。

（4）智能家居：智能化住宅中的传感器检测到主人离开后，能自动通知控制器关闭水、气阀门和门窗，并对住宅内的安全情况进行监控，实时向主人的手机发送异常情况报告。

1.2　物联网通信技术

在物联网中，通信技术起着桥梁作用，将分布在各处的物体联系起来，实现真正意义上的

"物联"。通信技术是物联网技术的基础，物联网常用的通信技术分为有线通信技术和无线通信技术两类。本节将对这两类通信技术的特点、适用场景等进行介绍。

1.2.1 有线通信技术

有线通信技术主要有 Ethernet、M-BUS、PLC、USB、RS-232、RS-485 等，这些技术的特点和适用场景如表 1-1 所示。

表 1-1　　　　　　　　　　各种有线通信技术的特点和适用场景

通信方式	特点	适用场景
Ethernet	协议全面、通用、成本低	智能终端
M-BUS	针对抄表设计、使用普通双绞线、抗干扰性强	抄表
PLC	针对电力载波、覆盖范围广、安装简便	电表
USB	大数据量、近距离通信、标准统一、可以热插拔	办公
RS-232	一对一通信、成本低、传输距离较近	少量的仪表
RS-485	总线方式、成本低、抗干扰性强	工业仪表、抄表

（1）Ethernet 是当前局域网中最通用的通信协议标准，其在以太网络中广泛使用。

（2）M-BUS 总线又称为户用仪表总线，是一种用于非电力户用仪表数据传输的欧洲总线标准。M-BUS 专门为消耗型测量仪器和计数器传送信息的数据总线设计，在建筑物和工业能源数据采集方面有广泛的应用。

（3）电力线通信（Power Line Communication，PLC）技术是指利用电力线传输数据和媒体信号的一种通信方式。该技术把载有信息的高频信号加载于电流，使用电线传输，接收信息的适配器把高频信号从电流中分离出来并传送到计算机或电话，以实现信息的传递。

（4）通用串行总线（Universal Serial Bus，USB）是一个外部总线标准，用于规范计算机与外部设备的连接和通信，是应用在计算机领域的接口技术。

（5）RS-232 是个人计算机上的通信接口之一，是由电子工业协会制定的异步传输标准接口。RS-232 与 RS-485 的主要区别在传输方式和传输距离两个方面。在传输方式方面，RS-232 采取不平衡传输方式，即所谓单端通信；RS-485 则采用平衡传输，即差分传输方式。在传输距离方面，RS-232 适合本地设备之间的通信，传输距离一般不超过 20 米，而 RS-485 的传输距离为几十米到上千米。此外，RS-232 只允许一对一通信，而 RS-485 接口在总线上允许连接多达 128 个收发器。

RS-485、M-BUS 和 PLC 是现在物联网常用的通信方式，Ethernet 主要用于支持采用以太网标准的智能终端的连接。

1.2.2 无线通信技术

无线通信技术主要有红外通信技术、Wi-Fi、 蓝牙、ZigBee、NB-IoT、Z-Wave、SigFox、LoRa、GPRS、3G、LTE(eLTE)，其中部分无线通信技术的介绍如表 1-2 所示。

表 1-2　　　　　　　　　　　　　　部分无线通信技术的介绍

	Wi-Fi	蓝牙	ZigBee	NB-IoT	Z-Wave	SigFox	LoRa
频段	2.4GHz 5GHz	2.4GHz	868MHz（欧洲） 915MHz（美国） 2.4GHz（全球通用）	SubG 授权频段	868.42MHz（欧洲） 908.42MHz（美国）	SubG 免授权频段	SubG 免授权频段
传输速率	802.11b：11Mbit/s 802.11g：54Mbit/s 802.11n：600Mbit/s 802.11ac：1Gbit/s	1Mbit/s～24Mbit/s	868MHz：20kbit/s 915MHz：40kbit/s 2.4GHz：250kbit/s	<100kbit/s	9.6kbit/s 或 40kbit/s	100bit/s	0.3～50kbit/s
典型距离	50～100m	1～100m	2.4GHz 频段：100m	1～20km	30m（室内）～100m（室外）	1～50km	1～20km
发射频率	终端为 36mW，AP 为 320mW	1～100mW	1～100mW	<100mW	1mW	<100mW	<100mW
典型应用	无线局域网、家庭、室内场所高速上网	鼠标、无线耳机、计算机等邻近节点的数据交换	家庭自动化、楼宇自动化、远程控制	水表、停车、宠物追踪、垃圾桶、烟雾告警、零售终端	智能家居、监控	智慧家庭、智能电表、移动医疗、远程监控、零售	智慧农业、智慧建筑、物流追踪

（1）红外通信是通过红外线传输数据。红外通信技术不需要线缆连接的特征使该通信方式的保密性很强，其在短距离无线传输工作中有着广泛的应用。

（2）Wi-Fi 是一种允许电子设备连接到无线局域网（Wireless LAN，WLAN）的技术，通常使用 2.4G UHF 或 5G SHF ISM 射频频段。无线局域网通常是有密码保护的，但也可以是开放的，其允许 WLAN 范围内的任意设备进行连接。Wi-Fi 的优点是覆盖范围广、数据传输速率快，缺点是传输安全性和稳定性较差、功耗略高、组网能力差。

（3）蓝牙（Bluetooth）是一种大容量、近距离无线数字通信技术标准，其目标是实现高速数据传输。蓝牙的数据传输速率可达 24Mbit/s、典型传输距离为 1m～100m，通过提高发射功率，其传输距离可达到 100m。蓝牙技术的优点是速率快、功耗低、安全性高，缺点是网络节点少，不适合多点布控。使用蓝牙技术可连接多个设备，解决了数据同步的难题。

（4）ZigBee 是基于 IEEE 802.15.4 标准的低功耗局域网协议，ZigBee 技术是一种短距离、低功耗的无线通信技术。ZigBee 的名字来源于蜜蜂的"8 字"舞，蜜蜂（Bee）是靠飞翔和"嗡嗡"（Zig）地抖动翅膀的"舞蹈"来向同伴传递花粉所在方位的信息的，也就是说蜜蜂依靠这样的方式构成了群体中的通信网络。ZigBee 的特点是传输距离近、复杂度低、自组织、功耗低、数据传输速率低，适合用于自动控制和远程控制领域，可以嵌入各种设备。

（5）窄带物联网（Narrow Band Internet of Things，NB-IoT）基于蜂窝，是 LPWA（Low-Power

Wide-Area Network，低功率广域网络）的一种，其构建于蜂窝网络，只消耗大约 180kHz 的带宽。NB-IoT 聚焦于低功耗、广覆盖的物联网市场，是一种可在全球范围内广泛应用的新兴技术。它可直接部署于 GSM 网络、UMTS 网络或 LTE 网络，以降低部署成本，实现平滑升级。NB-IoT 具有覆盖广、连接多、数据传输速率低、成本低、功耗低、架构优等特点，可以广泛应用于多种垂直行业，如远程抄表、资产跟踪、智能停车、智慧农业等。

（6）Z-Wave 是一种新兴的、基于射频的、低成本、低功耗、高可靠、适于网络的短距离无线通信技术。Z-Wave 技术常用于住宅、照明商业控制以及状态读取应用，如抄表、照明、家电控制、HVAC、接入控制、防盗及火灾检测等。Z-Wave 的优点是结构简单、功耗低、成本低、可靠性高，缺点是标准不开放，芯片只能通过 Sigma Designs 这唯一来源获取。

（7）SigFox 网络利用了超窄带 UNB 技术，传输功耗非常低，却仍然能维持稳定的数据连接。SigFox 无线链路使用免授权的工业、科学和医疗（Industrial Scientific Medical，ISM）频段。SigFox 网络拓扑可扩展、容量高、能源消耗非常低，同时其基于星型结构的基础设施简单且易于部署。SigFox 网络的性能特征是每天每设备最多只能传输 140 条消息，每条消息 12Byte（96bit），无线吞吐量达 100bit/s。

（8）LoRa 是 LPWA 通信技术中的一种，是美国 Semtech 公司采用和推广的一种基于扩频技术的超远距离无线传输方案。这一方案改变了以往关于传输距离与功耗的折中考虑方式，为用户提供一种简单的、能实现远距离传输的、电池寿命长、通信容量大的系统，进而扩展了传感网络。目前，LoRa 主要在全球免费频段上运行。

几种主要无线通信技术的对比如图 1-1 所示。

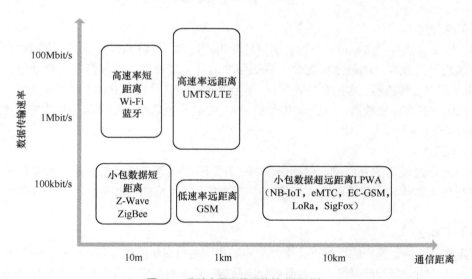

图 1-1　几种主要无线通信技术的对比

1.3　物联网的架构

物联网的业务架构包括 4 层，如图 1-2 所示。第 1 层是感知层，这一层中有大量的传感器；第 2 层是网络层，网络层主要用于实现融合和互连，并在边缘进行计算和协议的转换；第 3 层是平台层，主要是对数据进行统一处理，并对网络进行管理；第 4 层是应用层，主要包含基于行业的各种应用。具体介绍如下。

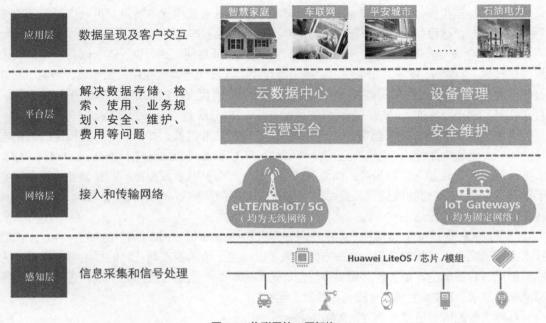

图 1-2 物联网的 4 层架构

（1）感知层

感知层负责信息采集和信号处理。通过感知识别技术，让物品开口说话、发布信息，这是物联网区别于其他网络的最独特部分。感知层的信息生成设备，既包括采用自动生成方式的 RFID 电子标签、传感器、定位系统等部分，也包括采用人工生成方式的各种智能设备，如智能手机、PDA、多媒体播放器、笔记本电脑等。感知层位于物联网 4 层架构的最底端，是所有上层结构的基础。

（2）网络层

网络层通过现有的互联网、移动通信网、卫星通信网等基础网络设施，对来自感知层的信息进行接入和传输。在物联网 4 层架构中，网络层接驳感知层和平台层，具有强大的纽带作用。

（3）平台层

在高性能网络计算机的环境下，平台层能够将网络内海量的信息资源通过计算机整合成一个可互连互通的大型智能网络。平台层可解决数据存储（数据库与海量存储技术）、检索（搜索引擎）、使用（数据挖掘与机器学习）、滥用（数据安全与隐私保护）等问题。平台层位于感知层和网络层之上，处于应用层之下，是物联网的智慧源泉。人们通常把物联网应用冠以"智能"的名称，如智能电网、智能交通、智能物流等，而其中的"智能"就来自于这一层。

（4）应用层

应用层是物联网系统的用户接口，该层通过分析处理后的感知数据，为用户提供丰富的特定服务。具体来看，应用层接收网络层传来的信息，并对信息进行处理和决策，再通过网络层发送信息，以控制感知层的设备和终端。物联网的应用以物或物理世界为中心，涉及物品追踪、环境感知、智能物流、智能交通、智能海关等各个领域。

1.4　物联网全栈解决方案

面向物联网领域，华为从端、管、边、云、应用各部分提供全栈的解决方案。在端侧，华为的物联网解决方案提供 LiteOS、系列化的 Agent，帮助设备厂商快速进行设备集成；在管道中，支持 FTTx、2G、3G、4G、5G、NB-IoT、eLTE、LoRa 等接入网络；提供 IoT 边缘计算服务，通过边云协同进行统一的设备和业务管理；在云平台中，提供设备接入、设备管理等能力，实现设备的远程监控与控制，通过 AI 和大数据分析，提供丰富的行业套件和行业模板；在应用侧，提供丰富的 Restful API 接口和系列化 SDK，帮助用户进行行业应用的开发。华为物联网全栈解决方案如图 1-3 所示。

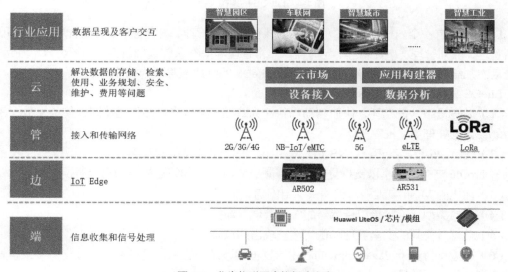

图 1-3　华为物联网全栈解决方案

1.4.1　物联网的操作系统

碎片化是物联网发展的主要问题，物联网中的芯片、传感器、通信协议、应用场景千差万别。各行业基于不同平台开发了大量的物联网应用，物联网硬件种类繁多，且以往的驱动程序没有进行标准化，这些都使应用的移植非常困难。如无线通信标准，就有蓝牙、Wi-Fi、ZigBee、PLC、Z-Wave、RF、Thread、NFC、UWB、Li-Fi、NB-IoT、LoRa 等。技术方案不统一、体系结构不一致，阻碍了物联网的发展，限制了互连互通的范围。

操作系统是物联网中一个十分关键的环节，各种操作系统可以支持不同的硬件、通信标准、应用场景。物联网时代，基于 X86、ARM、DSP、FPGA 的各种终端的连接需要物联网操作系统。开源有利于打破技术障碍和壁垒，增强操作性和可移植性，降低开发成本，同时也方便开源社区的开发人员参与进来。开源助推了物联网的开放和发展。目前，开源操作系统在物联网中的应用已经十分广泛，在物联网产业中扮演了越来越重要的角色。

LiteOS 是华为面向物联网领域构建的统一物联网操作系统和中间件软件平台,其具有轻量级(内核小于 10KB)、低功耗、互连互通、安全等关键特点。LiteOS 目前主要应用于智能家居、穿戴式、车联网、智能抄表、工业互联网等物联网领域的智能硬件上。LiteOS 操作系统建立了开源社区,其支持海思的 PLC 芯片 HCT3911、媒体芯片 3798M/C、IPCamera 芯片 Hi3516A 以及 LTE-M 芯片等。LiteOS 的架构及特点如图 1-4 所示。

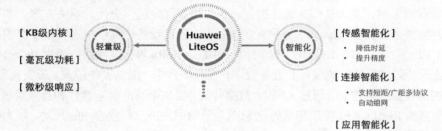

图 1-4　LiteOS 的架构及特点

LiteOS 具有一个内核和多个中间件,内核包含任务管理、内存管理、时间管理、通信机制、中断管理、队列管理、事件管理、定时器、异常管理等操作系统基础组件,内核可以单独运行,支持动态加载、分散加载和静态裁剪。安装 LiteOS 的哑终端将成为智能终端。

LiteOS 具有以下优点。

(1)以轻量级、低功耗、快速启动等特性为基础,通过支持多传感协同,使终端数据采集更智能,数据处理更精准。

(2)支持 Wi-Fi、ZigBee、NB-IoT 等短距、长距协议设备的互连互通,实现全连接覆盖,提供多 Profile 支持与共享以支撑更多业务场景,同时,可伸缩连接能力有显著提升。

(3)优化的 Mesh 自组网,组网快、组网稳、组网多。

(4)不同类型、不同接口传感器的统一管理,即插即用。

(5)端管云协同的安全管理降低终端被攻击的风险。

(6)通过支持基于 JavaScript 的应用开发框架,统一应用开发平台,同时支持多架构处理器,使产品开发更敏捷。

(7)为开发者提供智能终端一站式软件平台,有效降低开发门槛、缩短开发周期。

LiteOS 系统代码开源,提供统一开放的 API,并与奋进、杭州雄迈、海康威视、海尔、美的、Intel、WRTnode 等企业和机构共建开放物联网生态,帮助生态伙伴快速开发物联网产品,加速物联网产业发展。

1.4.2　物联网的接入方式

华为云物联网平台的接入方式包括直连和非直连两种。直连即设备具备 IP 通信的能力,直接与物联网平台进行对接通信,完成数据的上报和命令的接收;非直连即设备与网关进行连接,然后网关与平台进行连接,传感器采集的数据通过网关的汇聚上传到物联网平台。下面将重点介绍通过工业物联网关连接的方式。

工业物联网关支持多种网络制式,具备多种行业接口,如 RS-485、PLC、ZigBee 等,其能直接与传感网络的终端通信,汇聚各种采用不同技术的异构传感网,将传感网的数据通过通信网络远程传输，如图 1-5 所示。

图 1-5 工业物联网关

工业物联网关具备普通互联网路由器的基本功能，通过有线、无线等多种连接方式连接网络，以便灵活适配互联网；其与远程运营平台对接，为用户提供可管理、有保障的服务，从而使用户更方便地对生产、生活进行管理。

工业物联网关具备丰富的服务质量（Quality of Service，QoS）功能，使每个区域或者每种应用对应一个单独的队列，保证调度应用的实时性，为具有更高优先级的业务提供包括带宽专用、优先转发等保护措施，以确保重要控制业务的质量。

工业物联网关提供安全防护保障，由于物联网大数据越来越有价值，所以数据的真实性、准确性必须保证；物联网的通信网络和互联网合一，网络安全防护成为必需功能。

工业物联网关遵循工业化设计，具备耐高温或低温、防尘、防水、抗强电磁干扰等优点，可以适应不同的应用环境。

1.4.3 物联网平台

华为云物联网平台是运营商面向物联世界的核心控制点。物联网业务需要一个终端接入解耦、平台与应用分离、安全可靠的平台作为支撑。华为基于在通信行业的技术积累和商业实践，打造了敏捷高效的华为云物联网平台。该平台以云服务的方式，使电信运营商快速具备对海量连接的管理能力。

华为云物联网平台提供的核心服务是设备接入和设备管理。设备接入提供设备的接入能力，包括支持多网络的接入、多协议的接入和多系列化 Agent 的接入，解决设备接入复杂多样化和碎片化难题。该平台还提供基础的设备管理功能，实现设备的快速接入。

设备管理是在设备接入的基础上，提供更为丰富、完备的设备管理能力，降低海量设备管理的复杂性，节省了人工成本，提升了管理效率。这些能力包括产品模型的定义、设备联动、设备的批量操作、设备的软固件升级、报表的统计分析、设备数据的存储等，使设备管理更简单、更高效。

另外，华为云物联网平台提供了 50 多个北向 API 和 SDK，帮助生态伙伴加速应用开发上线，还支持与华为云的其他服务进行对接和联动，用户可以直接基于华为云构筑一站式的解决方案。

1.5　本章小结

　　本章主要介绍了物联网的基础知识，首先介绍物联网的概念、起源和发展，然后讲解物联网常用的有线和无线通信技术，并对物联网的 4 层架构进行介绍，最后对华为物联网全栈解决方案进行讲解，为后面章节的学习打下基础。

【思考题】

1. 什么是物联网？生活中有哪些物联网应用？
2. 简述物联网的通信技术。
3. 简述物联网的 4 层架构。
4. 华为物联网全栈解决方案包含哪些内容？

第 2 章
华为云物联网平台概述

02

物联网业务的迅猛发展需要一个终端接入解耦、能力开放、安全可靠的平台作为支撑。华为为用户提供一个接入无关、电信级安全可靠、开放和弹性伸缩的平台——华为云物联网平台，帮助企业和行业用户应用实现快速集成，构建物联网端到端整体解决方案。本章对华为云物联网平台的应用场景、价值、架构、业务功能、接入协议等进行详细的讲解。

学习目标

① 了解华为云物联网平台的定位。
② 掌握华为云物联网平台的价值。
③ 掌握华为云物联网平台的架构。

④ 了解华为云物联网平台的业务功能。
⑤ 掌握华为云物联网平台的接入协议。

2.1　初识华为云物联网平台

华为在物联网领域的战略目标就是与生态伙伴一起推进车联网、智慧城市、智慧园区、电力等各行各业的深度创新。华为云物联网平台作为物联网战略的核心层，面向行业客户和设备厂商，提供万物互连的平台，向下接入各种传感器、终端和网关，向上通过开放的 API，帮助客户快速集成多种行业应用。该平台提供丰富的设备管理能力，如设备生命周期管理、设备状态监控、OTA 升级、规则引擎等，帮助用户以可视化的方式管理接入设备。本节通过介绍华为云物联网平台在车联网、智慧城市、窄带物联网和电力场景中的应用，帮助读者快速了解华为云物联网平台的定位。

2.1.1　在车联网场景中的物联网平台

在传统模式下，消费者与汽车厂商之间缺乏黏性。当汽车售出后，消费者与汽车厂商之间的联系出现脱节。现在，传统的商业模式正在重构，汽车制造商开始逐渐转型为汽车服务提供商。除了为用户提供更好的服务和用户体验外，汽车制造商迫切需要建立与车辆的持续连接，通过了解汽车信息和消费者的使用行为，更好地与消费者互动，提供更有价值的汽车服务，如智能驾驶、预防性维护、车队管理、二手车鉴定等。汽车制造商正在从单一的车辆销售向同时提供移动出行服务转型。

在车联网场景中，华为云物联网平台可以将车辆物理资产、用户行为、道路状况等信息安全、可靠、高效地送到云端，从而将这些信息转换成数字资产，以生态中立、数据独立的方式提供给以车为中心和以人为中心的应用，如图 2-1 所示。华为车联网解决方案给予汽车制造商数据管理、设备管理、运营管理、统一安全的网络接入、各种终端的灵活适配、海量数据的采集分析等能力，从而实现商业模式的创新。

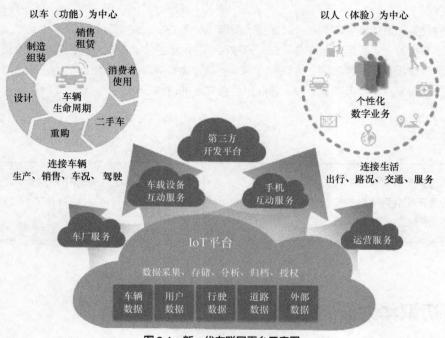

图 2-1　新一代车联网平台示意图

2.1.2　在智慧城市场景中的物联网平台

智慧城市就像是一个有机生命体，而赋予城市生命力的是神经系统。这个神经系统不仅包含城市大脑，还需要从大脑到末梢的神经网络。目前城市感知业务领域各自为政的现象突出，导致信息孤岛林立，城市的神经网络出现"梗阻"。

华为云物联网平台作为智慧城市的大脑，可以屏蔽碎片化接入，实现基础设施数字化管理。该平台向下兼容多种终端的接入，向上支撑智慧环保、智慧停车、智慧路灯、智慧农业、智慧燃气、智慧水务等各种应用，如图 2-2 所示。通过分级联动，动态整合数据，支撑城市综合决策与生态共享，促进公共事业的运行，为城市居民提供更优质的生活。

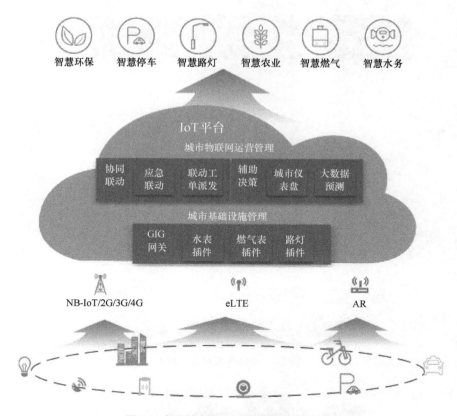

图 2-2　智慧城市场景中的物联网平台示意图

2.1.3　在窄带物联网场景中的物联网平台

NB-IoT 的规模商用时代已经到来。NB-IoT 智能水务、NB-IoT 智能停车、NB-IoT 智慧路灯、NB-IoT 智能消防、NB-IoT 共享单车、NB-IoT 奶牛监控等应用正在改变产业发展的方向。海量的接入对通信网络和物联网平台都提出了多连接、广覆盖的要求。NB-IoT 在 GSM 基础上的覆盖增强 20dB，有效延长了终端电池的寿命。

在窄带物联网场景中，华为云物联网平台正面向各行各业形成能力套件，图 2-3 给出了在智能水务领域的应用示例。

2.1.4　在电力场景中的物联网平台

新能源和新业务的出现，需要能源电力行业向数字化转型。华为云物联网平台向电力系统中的发电、输电、变电、配电和用电等应用开放，贯穿了电力系统中发电、输电、变电、配电和用电的全过程。构建全连接的电力物联网将最大化地挖掘电力设施的潜力和价值，如可以对整个城市的用电量进行预测、削峰平谷、精准线损分析等，而终端用户可以根据实时电价信息，主动进行选择，更加经济合理地安排用电。华为云物联网平台在电力行业中的应用示例如图 2-4 所示。

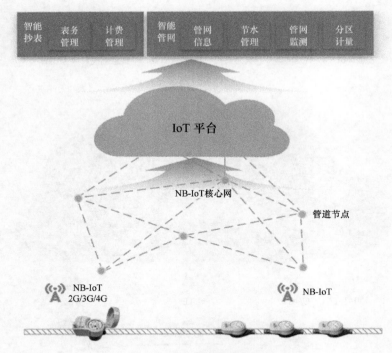

图 2-3　NB-IoT 智能水务应用

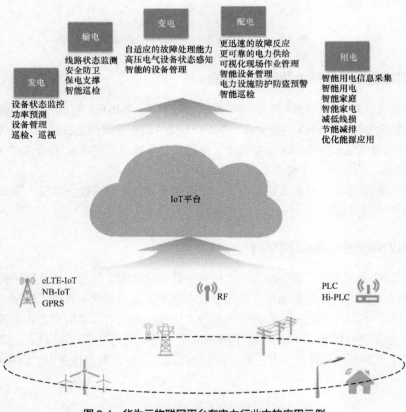

图 2-4　华为云物联网平台在电力行业中的应用示例

2.2　华为云物联网平台的价值

华为云物联网平台提供了安全、可靠的全连接设备管理，使能行业革新，构建了物联网生态。本节从海量设备的连接管理、灵活开放的应用使能、准确高效的大数据分析、全方位的安全保护等方面介绍华为云物联网平台的价值。

2.2.1　海量设备的连接管理

华为云物联网平台能屏蔽接入协议的差异性，解耦应用与设备，为上层应用提供统一格式的数据，简化终端厂商的开发内容，使应用提供商聚焦自身的业务开发。华为云物联网平台支持设备通过 HTTPS+MQTTS、LWM2M、CoAP、原生 MQTTS 等协议接入到平台，同时还提供了系列化的 Agent Lite、Agent Tiny、NB-IoT 模组等，便于终端厂商快速进行设备的集成，如图 2-5 所示。

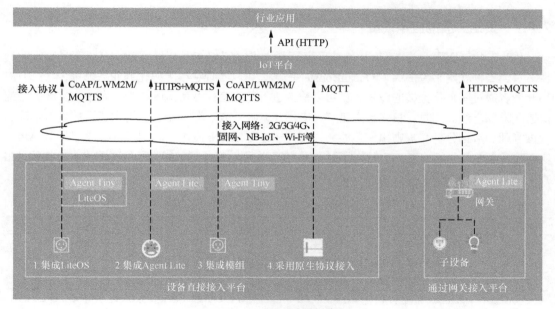

图 2-5　高效的海量设备集成

同时，华为云物联网平台还提供了产品模型、设备接入鉴权、设备访问授权、设备影子以及设备远程管理等功能。

（1）产品模型：定义一款设备的特征信息及其提供的服务能力，描述该款设备是什么、能做什么以及如何控制该设备。当设备模型注册成功后，所有符合该设备模型的智能设备都可以快捷接入平台，使用相同的规则引擎。

（2）设备接入鉴权：物联网平台和设备之间的消息传输支持多种安全协议，包括 HTTPS、MQTTS、DTLS。设备接入物联网平台前，需要在物联网平台上开户，物联网平台会向设备返回接入时所需的 DeviceID、PSK 码、密钥等信息。真实设备接入时，需携带平台分配的信息，以便物联网平台对设备的身份进行认证，从而可以防止设备的非法接入。

（3）设备访问授权：任何应用访问设备都有严格的权限控制，每个用户、应用只能对有访问权限的资源进行操作。一个应用可以授权另一个应用的访问权限，但授权不会传递，应用 A 授权给应用 B，应用 B 授权给应用 C，不等同于应用 C 获取了应用 A 的授权。在智慧城市建设中存在多个行业应用，如消防和水务，城市管理者可以将消防应用和水务应用授权给统一的城市管理应用，以便实现消防和水务的跨行业联动。

（4）设备影子：设备影子中始终存储设备的最新状态。无论设备是否在线，用户都可以离线将设备属性修改到设备影子。当设备在线时，设备影子直接同步配置到设备；当设备离线时，设备影子将命令进行存储，待设备上线后同步到设备。有了设备影子，应用无须担心网络不稳定，设备影子可以保障配置不丢失。由此，设备不需要长时间处于在线状态，从而延长了设备电池的寿命，降低了设备维护的成本。

（5）设备远程管理：物联网平台支持通过空中下载（Over the Air，OTA）的方式对设备的软件和固件进行升级，即客户可以通过自定义升级的计划和策略对设备进行升级，极大地提升了用户对海量设备的升级效率。同时，物联网平台提供了可视化的软固件包管理界面，用户可以方便地管理不同设备、不同版本、不同升级路径的软固件包。

2.2.2　灵活开放的应用使能

华为云物联网平台为车联网、智慧园区等领域提供业务组件以及大数据分析工具等行业套件。华为云物联网平台提供了 OceanBooster 服务，可以实现在线无码化的业务编排，第三方应用开发者通过图形化拖拽的方式，就可以快速进行行业套件业务流的制作和发布，实现应用的快速开发和上线。同时，该平台向第三方应用开发者开放了海量 API，提供了开放设备管理、数据管理、数据分析和规则引擎等能力，帮助快速孵化行业应用。应用开发者通过调用 API，实现对设备的增、删、改、查、数据采集、命令下发和消息推送。华为云物联网平台支持的 API 类型及其说明如表 2-1 所示。

表 2-1　　　　　　　　　　华为云物联网平台支持的 API 类型及其说明

API 类型	API 说明
订阅管理	应用服务器调用 API 接口创建订阅、查询订阅、修改订阅、删除订阅、查询订阅列表和推送通知
标签管理	应用服务器调用 API 接口进行绑定标签、解绑标签和按标签查询资源等操作
批量任务	应用服务器调用 API 接口创建批量任务、查询指定批量任务的信息和查询批量任务列表
设备 CA 证书管理	应用服务器调用 API 接口上传设备 CA 证书、删除设备 CA 证书、验证设备 CA 证书和获取设备 CA 证书列表
设备组管理	应用服务器调用 API 接口创建、修改、查询、删除设备组和设备组成员
设备消息	应用服务器调用 API 接口查询设备消息、下发设备消息和查询指定消息 ID 的消息
产品管理	应用服务器调用 API 接口创建、修改、查询、删除产品和查询产品列表
设备管理	应用服务器调用 API 接口进行设备的注册、查询和修改设备信息、删除设备等操作
设备影子	应用服务器调用 API 接口进行查询设备影子数据、配置设备影子预期数据等操作
设备命令	应用服务器调用 API 接口向指定设备下发命令
设备属性	应用服务器调用 API 接口查询和修改设备属性
规则管理	应用服务器调用 API 接口进行创建、修改、查询、删除规则等操作

2.2.3　准确高效的大数据分析

华为云物联网平台集成大数据分析服务，可对物联网领域的大数据进行实时和离线分析处理。目前该平台的大数据能力已应用于车联网场景，对采集到的车辆位置信息、车辆运行数据、车辆设备数据进行实时分析，得到车辆的遥测信息和车辆最后上报的位置信息，同时批量处理得出驾驶员的行程、油耗等统计信息。通过 API 开放分析结果，可以有效提高汽车制造商对车辆的管理水平，提升驾驶员的驾车体验，车联网大数据分析应用示意图如图 2-6 所示。

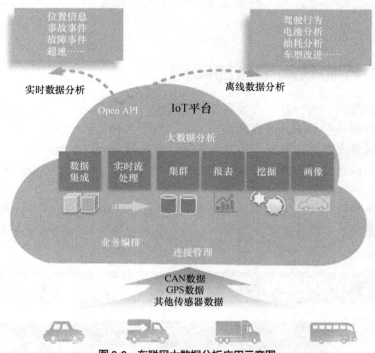

图 2-6　车联网大数据分析应用示意图

2.2.4　全方位的安全保护

　　物联网的本质决定了安全保护的重要性。信息安全、网络安全、数据安全、生命财产安全和国家政治经济安全等的威胁无处不在。物联网时代、海量设备接入、应用类型丰富和用户隐私保护对物联网安全提出了很高的要求。

　　（1）海量设备接入：相比于传统的互联网，物联网接入设备的类型和数量会成倍增长，这些设备的防护水平和等级参差不齐，给攻击者入侵带来可乘之机。

　　（2）应用类型丰富：物联网极大地扩展了互联网的应用范围，新应用的引入也带来新的安全风险，如黑客可以通过入侵物联网系统控制用户家中的智能设备等。

　　（3）用户隐私保护：物联网涉及更多的用户数据，如用户个人的健康数据、用户家中的监控视频等，这些都需要得到妥善的保护。

　　华为云物联网平台提供了全方位的安全保障，具体包括以下几方面。

　　（1）业务层安全：具备身份认证、业务认证、防抵赖、抗重放等安全保护措施，保障业务层的完整性和机密性。

　　（2）平台层安全：具备软件完整性校验、操作系统加固、数据库加固、容器加固等运营环境安全保护措施；具备组网隔离、安全组、防 DOS 攻击、IDS（Intrusion Detection System，入侵检测系统）等组网部署安全保护措施；具备账户管理、日志管理等运维安全保护措施；具备个人数据保护等数据安全保护措施。

（3）接入层安全：具备身份认证、传输加密、防篡改、防抵赖等安全保护措施。

（4）终端层安全：采用轻量级安全协议，适配低功耗、处理能力弱的终端要求。从平台侧对终端进行异常检测和隔离，弥补终端能力的不足，防止弱能力终端被恶意攻击者劫持后对平台发起攻击。

2.3 华为云物联网平台的架构

华为基于物联网、云计算、大数据等核心技术，构建了统一、开放的物联网平台。华为云物联网平台提供多种安全可靠的接入方式，支持多种协议的设备接入，并提供设备的日常管理、数据管理和运营管理。通过海量的设备数据采集和大数据分析，华为云物联网平台为设备厂商或行业客户提供了统一的数据格式和有价值的分析数据，辅助用户创造更大的价值。

基于华为云物联网平台的物联网系统如图 2-7 所示，其主要分为几个部分：终端设备、接入网络、设备接入、设备管理、物联网应用，以及与华为云的其他服务进行的数据互通和协同。

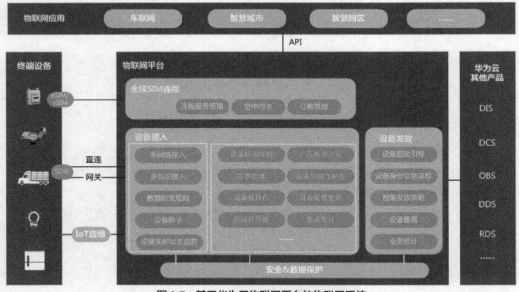

图 2-7　基于华为云物联网平台的物联网系统

2.3.1　终端设备

华为云物联网平台支持各种类型智能终端的接入，可以与物联网平台直连，也可以通过网关与物联网平台进行连接，这些终端设备如表 2-2 所示。

表 2-2　　　　　　　　　　　　　　　　　终端设备介绍

终端	描述
智能终端	指能够远程控制智能硬件的智能设备，如智能手机、iPad、计算机等
智能硬件	指能通过信息传感器设备，如射频识别装置，基于光、声、电、磁的传感器，激光扫描器等各类装置，与互联网结合起来，实现数据采集、融合、处理的硬件产品
传感器	一种检测装置，能感受到被测量的信息，并能将感受到的信息按一定规律变换为电信号或其他形式的信息输出，以满足信息的传输、处理、存储、记录和控制等要求

2.3.2　接入网络

华为云物联网平台的接入网络同时支持无线网络和固定网络的接入，二者的介绍如表 2-3 所示。

表 2-3　　　　　　　　　　　　　　　　　接入网络的介绍

接入场景	描述
无线网络	通过 NB-IoT、2G、3G、4G、5G、eLTE、LoRa 等方式接入
固定网络	通过固定宽带、光纤等接入

2.3.3　设备接入功能

华为云物联网平台的设备接入功能包含多样化的接入方式、接入协议和系列化的接入组件，并支持通过数据转发规则实现与华为云其他服务的互通，详情如表 2-4 所示。

表 2-4　　　　　　　　　　　　　　　　　设备接入功能的介绍

功能场景	功能描述
多样化的接入方式	物联网平台支持设备直接与平台进行通信，也支持通过网关的方式与平台进行通信
多样化的接入协议	物联网平台支持设备通过 LWM2M、CoAP、MQTT(S)、LoRa、ModBus 等协议接入
系列化的接入组件	物联网平台提供系列化的 Agent Lite、Agent Tiny 和 NB-IoT 模组供设备集成接入
数据转发规则	物联网平台支持将采集的设备数据转发到华为云其他服务，以便更好地进行数据管理和处理

2.3.4　设备管理功能

华为云物联网平台的设备管理功能主要体现在产品模型定义、设备数据采集、设备命令下发、远程监控等方面，如表 2-5 所示。

表 2-5　　　　　　　　　　　　　　　　　设备管理功能的介绍

功能场景	功能描述
产品模型定义	产品模型（也称 Profile）用于描述设备具备的能力和特性，在物联网平台构建一款设备的抽象模型，可使平台理解该款设备支持的服务、属性、命令等信息，如颜色、开关等
设备数据采集	终端设备上报数据码流，物联网平台可以根据 Profile 和编解码插件对数据码流进行解析，并支持将解析后的数据推送给应用服务器
设备命令下发	应用服务器可以通过物联网平台对设备进行远程控制，通过命令下发的方式，使设备执行相应动作
远程监控	用户通过物联网平台提供的管理门户或通过调用 API 的方式，实时查看设备的状态

2.3.5　物联网应用

华为云物联网平台支持以 Open API 和多语言 SDK 的形式开放平台的能力，可以帮助行业客户快速构建行业应用。目前，典型的应用包括车联网、智慧城市、智慧园区和第三方应用等，如表 2-6 所示。

表 2-6　　　　　　　　　　　　　　行业应用的介绍

应用场景	描述
车联网	车联网是用物联网技术向驾驶员和乘客提供交通信息、紧急情况应付对策、远距离车辆诊断等服务
智慧城市	智慧城市依托于云计算、物联网、大数据、移动宽带等 ICT 技术，打造一个从端点感知、信息传送、大脑分析决策，到反馈指令、完成行动的城市大脑，帮助客户达成智慧城市善政、惠民、兴业三大目标
智慧园区	智慧园区通过视频监控、物联网、视频云、人工智能等技术实现智慧安防、车辆管理、园区服务、智慧楼宇等应用服务

2.3.6　华为云互通

华为云物联网平台将设备数据采集上来后，为更好地对设备数据进行存储和处理，支持与华为云的其他云服务进行互通和协同。如可以将设备数据转存到对象存储服务（Object Storage Service，OBS），来实现更持久的数据存储；将数据转存于数据接入服务（Data Ingestion Service，DIS），可以实现与应用服务器之间更高效的传输和分发。支持互通的具体云服务如表 2-7 所示。

表 2-7　　　　　　　　　　　　　与华为云互通的其他服务

服务介绍	详细描述
数据接入服务 DIS	实现数据的高效采集、传输、分发。用户可以通过 DIS 提供的 SDK、API 等方式下载数据，完成后续自定义使用数据的业务开发场景；也可以通过转储任务进一步将数据转发到其他云服务(OBS、MapReduce、DWS、DLI)，进行数据存储、数据分析等后续数据处理，便于用户更灵活、多样化地使用数据
分布式消息服务 Kafka	为设备数据提供消息队列服务。Kafka 是一项基于高可用分布式集群技术的消息中间件服务，用于收发消息。物联网平台作为生产者发送消息到 Kafka 消息队列里，用户的应用程序作为消费者从消息队列里消费消息，从而在用户多个应用程序组件之间传输消息
对象存储服务 OBS	实现设备数据持久存储（物联网平台支持设备数据存储，最长存储 7 天）。OBS 是一个基于对象的海量存储服务，为客户提供海量、安全、高可靠、低成本的数据存储能力，适用于对设备上报的数据进行归档和备份。OBS 也支持对接实时流，计算 CS 云服务，实时分析数据流，将分析结果对接到其他云服务或者第三方应用以进行数据可视化等
企业集成平台 ROMA	为物联网平台与应用服务器之间提供安全、标准化的消息通道。MQS 是一款企业级消息中间件，基于 Kafka 协议，使用统一的消息接入机制，并具备发布订阅消息、Topic 管理、用户权限管理、资源统计、监控告警等基础功能，以及消息轨迹、网络隔离、云上云下集成等高级特性，为企业数据管理提供统一的消息通道

2.4　华为云物联网平台的业务功能

华为云物联网平台的主要业务功能包括应用管理、产品模型、设备注册鉴权、订阅推送、数据上报、命令下发、设备配置更新、设备影子、规则引擎、群组与标签、设备监控、远程诊断、固件升级、软件升级、网关与子设备等，如表 2-8 所示。本书第 4 章将对这些业务功能进行详细介绍。

表 2-8　　　　　　　　　　　　　　华为云物联网平台的主要业务功能

功能	简介
应用和设备对接	物联网平台开放了海量的 API 接口和 SDK，帮助开发者快速孵化行业应用。支持 Agent Lite 和 Agent Tiny，覆盖的语言包括 C、Java、Android。Agent 与海思、高通主流芯片、模组预集成，缩短产品的上市时间
产品模型	又称 Profile，用于定义一款接入设备所具备的属性（如颜色、大小、采集的数据、可识别的指令或设备上报的事件等信息），然后通过厂家、设备类型和设备型号，唯一标识一款设备，便于平台识别。产品模型可通过开发中心进行无码化开发
设备注册鉴权	物联网平台对接入平台的设备进行鉴权认证。待真实设备接通电源后，设备可以上报数据到物联网平台，物联网平台根据应用服务器的订阅消息类型，把消息推送给应用服务器
订阅推送	订阅是指应用服务器通过调用物联网平台的 API 接口，从平台获取发生变更的设备业务信息（如设备注册、设备数据上报、设备状态等）和管理信息（软固件升级状态和升级结果）。 推送是指订阅成功后，物联网平台根据应用服务器订阅的数据类型，将对应的变更信息推送给指定的 URL 地址
数据上报	当设备完成和物联网平台的对接后，一旦设备接通电源，设备基于在其上定义的业务逻辑进行数据采集和上报，业务逻辑可以基于周期或者事件触发
命令下发	为能有效地对设备进行管理，设备的产品模型中定义了物联网平台可向设备下发的命令，应用服务器可以调用物联网平台开放的 API 接口向单个设备或批量设备执行下发命令，或者用户通过物联网平台直接向单个设备下发命令，配置或修改设备的服务属性值，以实现对设备的远程控制
设备配置更新	物联网平台提供设备配置更新功能，即用户可通过控制台对单个设备或批量设备的设备属性值进行修改，满足用户频繁、快捷、方便地管理设备的诉求
设备影子	设备影子是一个 JSON 文件，用于存储设备的状态、设备最近一次上报的设备属性、应用服务器期望下发的配置。每个设备有且只有一个设备影子，设备可以获取和设置设备影子，以此来同步状态，这个同步可以是影子同步给设备，也可以是设备同步给影子
规则引擎	指用户可以在物联网平台上对接入平台的设备设定相应的规则，在条件满足所设定的规则后，平台会触发相应的动作来满足用户需求。规则引擎包含设备联动和数据转发两种类型
群组与标签	支持对设备进行群组和标签管理，通过有效分组和批量管理，降低设备管理成本
设备监控	提供查看设备详情、设备状态管理、查看报表、查看操作记录、查看审计日志、告警管理、设备消息跟踪等设备监控与运维能力，提升设备的可维护性
远程诊断	支持用户对接入的设备进行远程维护操作，快速定位问题及恢复业务，降低近端维护引入的成本。当前支持的远程维护操作包括设备的运行日志收集、模组重启
固件升级	用户可以通过 OTA 的方式对支持 LWM2M 协议的设备进行固件升级，升级包下载协议为 LWM2M 协议
软件升级	用户可以通过 OTA 的方式支持对 LWM2M 协议的设备进行软件升级，升级包下载协议为 PCP
网关与子设备	物联网平台支持设备直连，也支持设备挂载在网关上作为网关的子设备，由网关直连并通过网关进行数据转发

2.5　华为云物联网平台的接入协议

物联网平台支持的接口与协议主要体现在物联网平台对外的接口与协议。华为云物联网平台支持应用服务器、网关、终端设备等的接入。华为云物联网平台的主流接入协议如表 2-9 所示。

表 2-9 华为云物联网平台的主流接入协议

本端	对端		协议	接口功能
物联网平台	第三方应用服务器		HTTP/HTTPS	应用服务器通过 HTTPS 协议调用物联网平台的 API 接口；物联网平台通过 HTTP、HTTPS 协议向应用服务器推送消息
	终端设备	设备/网关	HTTPS+MQTT、ModBus、OPCUA 等私有协议	网关通过预置 Agent Lite 接入或终端设备直接集成 Agent Lite 进行接入时，通过 HTTPS+MQTT 协议与物联网平台进行交互
		原生 MQTT 设备	MQTTS	智能终端支持通过原生的 MQTT 协议接入物联网平台
		NB-IoT 设备	LWM2M/CoAP	NB-IoT 设备接入物联网平台时，可以基于 CoAP 或 LWM2M Over CoAP 进行接入

2.6 本章小结

本章主要讲解了华为云物联网平台的基础知识，包括平台的定位、平台的价值、平台的架构、平台的业务和功能、平台的接入协议等。通过本章的学习，读者应该掌握华为云物联网平台在物联网体系中的位置和作用，为后面章节的学习打下基础。

【思考题】

1. 华为云物联网平台有哪些价值？
2. 华为云物联网平台的架构是什么样的？各层有哪些功能？
3. 华为云物联网平台支持哪些接口和协议？

第 3 章
华为云物联网平台的行业解决方案

03

在 IoT 领域，华为开放"端、管、云"能力，构建产业生态，将物联网解决方案与行业深度融合，携手合作伙伴推动物联网产业发展。本章选取基于华为云物联网平台的智慧停车、智慧照明、智慧消防和智慧排水等行业解决方案进行介绍，分别对解决方案的技术路线、系统架构、实践案例、经济和社会效益等内容进行详细介绍。

学习目标

① 了解华为云物联网平台行业解决方案的层次划分。　③ 了解物联网平台行业解决方案的价值。

② 了解 NB-IoT 技术在行业解决方案中的作用。

3.1　智慧停车解决方案

停车问题涉及政策、体制、技术、用地、资金等诸多方面，主要问题包括产权与运营权分离、信息孤岛现象严重、资源分布不均衡、缺乏统一的信息平台、技术方案较为落后、需求不明确、运营管理弱等，要解决停车问题，应对停车场规划、建设、管理、政策进行通盘考虑。

城市级智慧停车解决方案用于构建以互联网、物联网、云计算、大数据、支付清算、场景金融技术为核心的城市级一体化静态交通体系。围绕城市级智慧停车需求，整合路外、路内停车，城市诱导，智能充电一体化等服务，同时借助大数据、云计算、物联网、GIS、移动互连等新兴技术打造智慧型城市停车平台。城市停车平台致力于实现停车资源的统一管理，有效缓解城市停车难的状况，同时依托于标准化及开放化的理念，打造开放、共享、互通、多品牌共存、多渠道共营的城市停车新生态。

华为先进的 **NB-IoT** 物联网通信技术在城市级智慧停车上的应用，可以高效收集停车状态、停车时长等信息，帮助停车场运营方减少收费流失，有效堵住人工收费的漏洞；用户可实时获取停车位信息，车位紧张或者无车位时，可快速将用户导流到其他停车位或者附近停车场，缓解了用户找车位造成的交通拥堵；从管理员人工收费变成自助缴费，收费人员变成了督查人员，减少了人员的投入。

智慧停车涉及通信、汽车电子、计算机、电子地图、卫星定位等多个领域，其利用智慧交通相关产业的资源，以重点行业应用为突破，形成多层次系列化产品，促进城市智慧交通资源的整合和分工协作，实现产业倍增，获得巨大的产业带动效益。同时智慧停车可以降低行车成本、减少出行时间、延长车辆使用寿命、提高路网通行能力、减少空气污染、降低交通噪声，具有诸多社会效益。

3.1.1　系统架构

智慧停车整体解决方案自下而上包括智能硬件层、网络层、平台层、运营层和服务层，如图 3-1 所示。

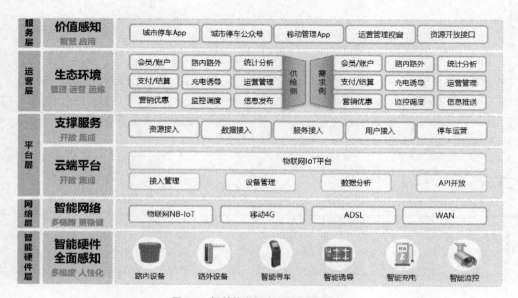

图 3-1　智慧停车解决方案的层次划分

1. 智能硬件层

智能硬件是城市停车系统运行的基础设施，其采集停车场数据，为平台提供业务数据。

针对路内业务，系统采用了地磁车检器结合收费巡检 PDA 的实现方案。基于 NB-IoT 的地磁车检器可用于检测停车泊位上的车位状态，通过车辆进出产生的磁场感应信号自动识别泊位状态，同时与后台管理系统联动，准确计算车辆停放时长。通过对地磁车检器上传输的心跳及电量信息的采集，亦可实现对设备运行情况的远程监控和诊断。

路外停车设备主要包括道闸、控制器、监控摄像机和智能寻车设备；城市诱导系统的主要设备是诱导屏设备；新能源充电业务主要使用智能充电桩设备。

2. 网络层

网络是整个物联网的通信基础，城市停车核心业务之一的路内停车业务选用无线地磁车检器，借助窄带物联网进行业务数据传输。NB-IoT 网络除了具有大连接、低功耗、成本低及覆盖广的特点外，其实施安装简单、可靠性高的特点也更加有利于路内车场项目的建设和维护。

中国电信提供的网络接入在信号穿透力和覆盖度上拥有较大的优势，能充分保障停车业务在室外复杂环境下进行数据传输的稳定性与可靠性。

3. 平台层

平台层包括云端平台及支撑服务两部分，统一平台多业务并加以汇聚管理。华为云物联网平台及电信运营商在城市停车 **NB-IoT** 地磁方案中的作用及系统关系如图 **3-2** 所示。**NB-IoT** 地磁车检器的信号数据经运营商的网络发送到华为云物联网平台，华为云物联网平台处理后，发往行业应用平台完成业务处理流程。

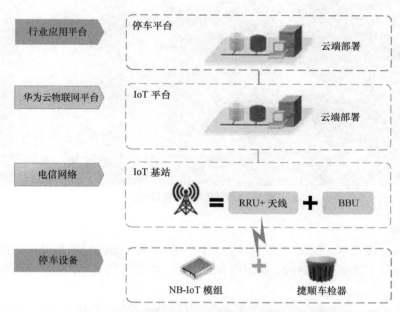

图 3-2　华为云物联网平台及电信网络在方案中的作用和关系

华为云物联网平台部署在中国电信与华为合作的天翼云上，华为云物联网平台提供接入管理、设备管理、数据分析、**API** 开放等基础功能。在接入管理方面，物联网平台提供连接感知、连接诊断、连接控制、连接状态查询及管理功能；通过统一的协议和接口实现多种物联网终端的接入，上游应用无须关心终端设备的实际物理连接和数据传输，实现终端对象化管理；平台提供灵活高效的数据管理，包括数据采集、分类、结构化存储、调用及使用量分析，并提供定制化的业务分析报表；采用业务模块化设计，业务逻辑编排灵活，较好地满足了行业应用的快速开发需求。

为满足不同城市对实施周期和成本投入的差异化需求，城市停车平台将业务系统构建在天翼云上，借助云平台优势提升系统快速部署及弹性扩展的能力，在应用架构上采用了服务化、集群化的设计模式，成功构建基于云计算的城市停车 **SaaS** 服务平台。

部署于云平台的停车业务支撑服务包括资源接入、数据接入、服务接入、用户接入、停车运营等。

4. 运营层

运营层是城市停车平台的核心业务层，包含路内路外、充电诱导、监控调度、会员/账户、支付/结算、营销优惠、统计分析、运营管理、信息发布等子系统。运营层全面实现了停车业务一体化，其构建多元化支付渠道，整合了会员、支付、结算和营销等环节，实现线上线下全场景闭环功能。

运营管理视窗是面向运营管理人员的可视化 Web 平台，如图 3-3 所示，运营管理视窗将基于大数据的停车分析数据展示在屏幕上。此外，该视窗还包括地图监控子系统、路内路外业务管理子系统、充电管理子系统、诱导信息管理子系统、财务结算子系统、运营子系统及运维子系统。

图 3-3   智慧停车运营管理视窗

5. 服务层

借助移动互连技术、GPS 定位技术、地图导航技术、图像识别及可视化技术，智慧停车解决方案研发了城市停车 App、城市停车公众号、移动管理 App、运营管理视窗及资源开放接口。

城市停车 App、城市停车公众号为车主提供移动停车业务，包括车场、泊位查询，一键导航，停车充电缴费，消息推送，个人设置及投诉建议等实用功能。

移动管理 App 由车场管理员、收费巡检员使用，具备签到签退、拍照识别车牌、收缴车费、扫码支付、凭证打印、设备巡检及问题上报等管理功能。配合无线地磁车检器及消息推送功能，实现车辆进出场自动提醒，有效提升人员工作效率，避免了传统人工收费的漏洞。

资源开放接口通过开放信息接口实现停车数据交换、停车资源共享。城市停车平台与政府主管部门，如交委、交管局等，以及社会停车资源平台，共同制定相关信息接口标准，逐步打通信息孤岛，实现城市级停车数据的互连互通。

3.1.2   基于 NB-IoT 的方案设计

城市停车路内业务采用无线地磁车检器+App+收费巡检 PDA 的方案，如图 3-4 所示。

系统采用地磁车位检测技术，在路内每个车位下方安装 1 个地磁车位检测器，准确感知车位占用状态，并将车位占用信息及收费巡检员拍照记录的车牌号通过无线传输发送至数据中心进行储存和处理。车辆离开车位时，车位检测器自动感应，停止计费，并从车辆绑定的账户里扣除停车费，车主还可现场以现金、微信、支付宝、银行卡等多种方式向停车收费员缴纳停车费。

通过引导市民使用停车手机 App 进行自助停车及出场时自助缴费，停车巡检人员只需要在所管辖的道路停车路段进行巡检，对在停车辆进行拍照取证，获取车牌号码，获取后期向欠、逃费车主追缴的依据。

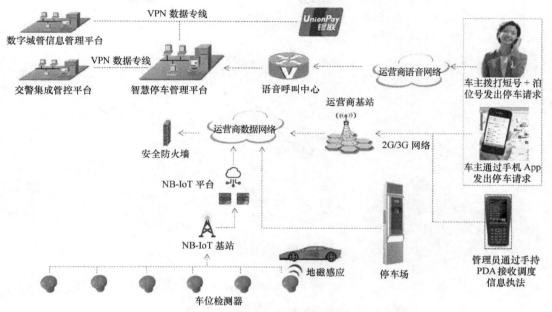

图 3-4 基于 NB-IoT 的智慧停车方案

3.1.3 实践案例

为了推进扬州智慧城市建设，扬州市创新地推出了扬州智能交通系统——宜行扬州，形成集智慧停车、停车诱导、新能源充电、智能公交、公共自行车为一体的综合交通出行服务管理体系，为市民出行带来极大的便利。宜行扬州主要包括以下内容。

（1）通过建设城市级智慧停车云平台——宜行扬州，打通全市停车场管理系统信息孤岛，解决市民找停车场难、找停车位难的问题，缓解市区停车紧张的状况。

（2）华为、捷顺、中国电信三方合作实现 NB-IoT 技术在占道停车场上的应用。

（3）通过多种信息发布渠道（诱导屏、App 等）分享各个停车场空闲车位资源，实现停车信息互通共享，方便广大市民出行。

（4）通过城市级智慧停车云平台整合占道停车场资源和路外停车场资源，实现社区、商业、园区、交通枢纽、医院、景区等不同停车场管理系统（多厂商兼容）的互连互通、信息共享，提升车位利用率，提高停车场经营收益，减少交通拥堵、缓解城市停车压力。

（5）通过优化宜行扬州 App 及其微信公众号停车支付流程及拓展移动端使用场景，减少人工现金收费、减少人工停车诱导、降低运营方运营成本。

（6）整合充电、诱导、公交、自行车资源，实现惠民、便民的出行服务。

（7）针对车主拓展商户及开展各类市场营销活动，如开通违章查询、汽车加油、洗车护理、维修保养、车险投保等应用，为车主提供一站式服务。

扬州智能交通系统建设成果如图 3-5 所示。

宜行扬州管理系统目前累计缴费用户 300 多万人，缴费车辆达到 200 多万辆，业务收入增加了 30%以上，具体表现如下。

（1）实现了 20 多条路段的智能化收费，涉及 1 500 多个泊位，实现了路边停车无感支付，大大提高了路边停车的收费率，增加了运营收入，降低了运营成本。

图 3-5　扬州智能交通系统建设成果

（2）实现了 160 多个路外停车场的连接，能够实时了解停车场的剩余停车位。实现了无感支付、互联网支付等缴费模式。大大提高了停车场的出入口通行效率，提高了停车场的管理效率，降低了停车场的运营成本。

（3）近百个充电站、近千个充电桩的互连互通，实现了扫码充电的应用。

（4）汇集 300 多条公交线路信息，3 000 多辆公交车的实时位置信息，以及 2 500 多个公交站点信息。

（5）连接了 500 多个站点，共 15 000 多个自行车车桩，公共自行车利用率提高了 80%以上。

3.1.4　解决方案的特点

华为城市级智慧停车解决方案是华为与捷顺科技联合打造的城市级静态交通管理解决方案。其整合了华为先进的窄带物联网技术、灵活开放的物联网云平台和捷顺科技先进的车辆识别技术、产品和管理平台，打造了基于窄带物联网先进技术的占道停车场管理系统和车位引导系统，满足了政府对整个城市静态交通资源的管控和市民出行的诉求。平台的开放集成能力、动静态交通的融合、可持续的自运营能力建设，赋予整个解决方案强大的监控、管理和决策能力，该解决方案具有以下特点。

1. 一体化管理云平台

在同一个平台上实现了停车、公交、出租、自行车、新能源充电、汽车共享等出行服务全覆盖，实现机构、商户、账户、收费规则等业务项的配置，实现车场、车位等资源项的管理，实现日常运营、财务、用户、运维等数据的报表查询。

2. 出入口交通改善优化

车辆进出通道、候车区、接客区时，能够无感通行，减少排队，从而提升服务；签约用户可自由出入路内、路外停车场，后台自动扣缴停车费；停车场出入口环境、场内诱导标识亮化得到全方位提升；停车场出入口拥堵预警及信息发布，有效改善出入口交通状况。

3. 先进的通信及云平台技术

NB-IoT 智慧停车解决方案利用中国电信物联网通信网络、无线车检器等设备连接到中国电信公网，通过"一跳"的方式将数据传到管理云平台，省去了通信网关的安装、取电、通信接入和设备后期维护，网络的覆盖质量和优化由中国电信全权负责。

4. 开放集成能力

云平台向政府监管平台、第三方运营平台和第三方智能硬件厂家开放 API 接口。云平台赋予第三方功能、接口、报表、流程的个性化定制，提升第三方的横向解决方案和运营能力发展，促进第三方升级转型的业务落地和技术保障能力的发展。

5. 可靠的支付服务

预付卡支付牌照实现了与微信、支付宝、捷易付的无缝对接，同时推行的捷钱包卡，可打通商业与物业周边领域的消费。零成本接入公交、地铁、出租车等综合出行渠道，支持无感支付、POS 付、扫码付、现金等多种线下缴费方式。支付场景与卡券营销得以有机融合，连接线上线下，实现了聚合支付与数字营销的完美组合。

3.2 智慧照明解决方案

城市照明运行监控管理在经历了手动开关、分散式时控和光控、集中式远程监控（回路级三遥功能）3 个阶段之后，开始向单灯层面（监控管理到每一盏路灯）延伸，向智慧照明发展。目前国内的智慧照明领域，基本采用基于 PLC 和 GPRS 技术实现城市照明的智能监控和单灯节能管理。数据传输局限性大、系统部署复杂、网络覆盖面临困境等问题，一直阻碍着智慧照明的广泛应用。

基于 NB-IoT 的智慧路灯照明则低碳节能并可以实现智能运维，还能进一步结合相关光电感应等手段进一步优化运维，使路灯能够根据外界变化智能调节。如在日间任何时段，如果天空阴暗影响车辆和行人通行，路灯就可以自动"点灯"，实现智能调控。而在夜间 24 时之后，路上行人和车辆稀少，路灯也可自动降低照明功率，最大化实现节能。

结合路灯灯杆在城市分布范围广、取电方便、有高度、有支撑等特点，更多智慧城市的应用开始以灯杆为物理载体，形成多功能灯杆。多功能灯杆整合监控摄像头、4G 微基站、多媒体信息屏、新能源汽车充电桩以及公共广播、无线 Wi-Fi 等功能，通过先进的信息感知技术、数据通信传输技术、灯光控制技术、计算机处理技术，将采集到的数据和信息传输到"智慧照明软件系统平台"，以之作为管理后台，实现大数据交互环境下的智慧照明、智慧交通、无线城市、信息发布等智慧城市管理核心功能。

3.2.1 技术路线

1. NB-IoT 技术

目前，城市智慧照明主要采用电力线载波通信与公网 GPRS 结合的方式进行物联网感知层信息的汇聚传输和监控指令的下发。这种通信方式虽然已比较成熟，但是需要集中网关，单灯运行方案受限于一个网关，控制不够灵活。国内电力环境较差，路灯类型繁多，也需采取专门的技术措施保证 PLC 通信的可靠性。在城市智慧照明中应用 **NB-IoT** 技术，可构建更为稳定的路灯物联网，同时能够提高单灯控制的实时性、可靠性和灵活性。

2. 基于 SOA 的多层软件架构技术

软件平台采用面向服务架构（SOA）的多层设计，其业务逻辑层与数据库间通过单独的数据访问层进行访问，该方式降低了业务逻辑和数据库间的耦合度，提高了数据的安全性和事务性。业务逻辑层通过 Web Service 标准接口提供服务。通过 Web Service 标准（包括 **XML** 数据封装、**SOAP** 封包协议、**WSDL** 发布协议、**HTTP** 数据传输协议），为系统集成提供了很高的标准性、兼容性和可扩展性。

3. 地理信息系统技术

软件平台采用地理信息系统（GIS）技术，将灯源、灯杆、控制箱、箱变以及现场监控设备等各类照明部件与地理位置和空间信息有机结合，实现照明设施的位置可视化，并支持基于 **GIS** 的动态监控管理。

4. 移动互连技术

软件平台融合移动通信和互联网技术，整合移动通信随时、随地、随身和互联网共享、开放、互动的优势，为城市智慧照明提供丰富的移动应用，真正实现随时随地移动办公，为城市照明管理人员及维护人员提供更大的工作便利。

3.2.2 系统架构

NB-IoT 智慧照明系统由终端层、网络层、平台层和应用层等部分组成。通过对城市照明的"点、线、面"实时测控和节能管理，及时掌握城市照明的建设运营情况，统计城市照明设施的基本信息和能耗情况。同时协助照明主管部门完善照明信息统计制度，建立照明节能评价体系，加强城市照明指导工作的针对性和科学性。NB-IoT 城市智慧照明整体架构如图 3-6 所示。

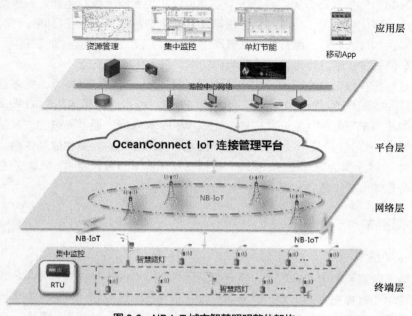

图 3-6 NB-IoT 城市智慧照明整体架构

1. 终端层

终端设备包括安装在路灯箱式变电站和配电箱内的智慧路灯远程控制终端（RTU）以及安装在每个灯杆上的单灯节能控制器；终端设备通过集成 NB-IoT 标准模组与 NB-IoT 基站连接，来实现通信能力，智能终端通过 NB-IoT 基站将路灯相关运行信息上传给物联网平台，并接收通过物联网平台下发的开关灯及亮度调节指令。

2. 网络层

对于智慧路灯场景，中国电信基于 800MHz 频段的 NB-IoT 网络承载智慧路灯数据采集和远程控制业务。在网络部署上，NB-IoT 仅使用 180kHz 带宽，可采用带内（In-band）、保护带（Guard-band）、独立（Stand-alone）灵活部署方式，通过现有 GUL 网络的简单升级即可实现全国覆盖，与其他的 LPWA 技术相比，NB-IoT 具有建网成本低、部署速度快、覆盖范围广等优势。中国电信的 800MHz 频段在信号穿透力和覆盖度上拥有较大的优势，能够充分保障智慧路灯等业务在复杂应用环境下的数据信号传输稳定性与可靠性。中国电信通过整合通信网络能力与 IT 运营能力，为路灯管理部门和工程维护部门提供可感知、可诊断、可控制的智能网络，满足客户对路灯终端的工作状态、通信状态等进行实时自主查询、管理的需求。

3. 平台层

针对智慧路灯行业的特定场景，华为和泰华智慧联合制定智慧路灯标准化设备模型，即路灯 Profile。将设备数据模型（设备 Profile）对行业业务属性及设备的能力进行标准化，以服务的形式对行业业务属性及设备的能力进行抽象归纳，构建标准化设备数据模型（设备 Profile），形成统一的 API 提供给上层应用。物联网平台具有异构协议接入能力，可以快速适配接入的海量物联网设备。物联网平台负责设备数据模型的转换，从而降低应用开发难度，构建开放的生态，方便设备商快速开发设备描述和数据格式。

物联网平台提供插件管理功能，实现南向对接服务，方便各类灯具厂商和控制器厂家根据标准，多协议快速接入和管理设备，同时支持路灯故障报警、巡检维修养护的流程化服务，实现城市道路照明的节能减排和管理效率的提高。

同时物联网平台与 NB-IoT 无线网络协同，提供即时或离线命令下发管理、小区级下行流控管理、批量设备远程升级等功能，相对传统解决方案其通信成功率提高 30% 以上，路灯控制指令下行不拥塞，响应更及时。

4. 应用层

智慧路灯应用系统通过物联网平台获取来自终端层的数据，使城市照明设施的管理具体到每一盏灯，城市照明管理者可对每一盏灯的工作状态、电流、电压、故障等信息实时"在线巡测"，改变以往路灯养护主要依靠人工巡检、热线报修的落后方式。智慧照明采用流程化手段，将工单管理、巡检管理、车辆管理（GPS）、安全生产管理、工程管理、考评管理等的应用系统有机融合，建立城市照明事件处理体系、设施运维养护体系、物料管理体系和工程管理体系，形成人财物统一、责任明确、处置及时的城市照明综合管理机制，有效提高管理效率，降低劳动强度，同时降低照明系统运维成本和能耗。

3.2.3　应用软件模块结构设计

从智慧照明管理分类和业务逻辑上分析，系统软件分为设施资源管理系统、智能监控系统、单灯节能管理系统、移动监控系统 4 部分，并且有统一的系统管理模块对组织机构、用户、权限等做相应的系统管理。

智慧照明应用软件模块结构如图 3-7 所示。

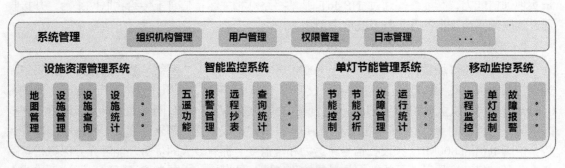

图 3-7　智慧照明应用软件模块结构

对每部分的介绍如下。

（1）设施资源管理系统：通过对灯具、灯杆、变压器、控制箱、控制回路等照明设施进行普查、身份编码和定位，以 GIS 为基础进行可视化动态管理。

（2）智能监控系统：以五遥管理为核心，协助用户制定分时、分区域、分场景（TPO 原则）的照明系统运行方案，提供状态监测、运行控制和综合分析等功能，实现照明监控管理的集中化、自动化和智能化。

（3）单灯节能管理系统：通过单灯管理，在城市照明设施管理中实现对每一盏灯的工作状态实时在线巡测。

（4）移动监控系统：利用智能手机或平板电脑实现城市照明移动监控功能，方便现场监控维护，为城市照明管理人员及维护人员提供更大的工作便利。

3.2.4　系统安全设计

系统安全设计重点解决系统操作、数据库和服务器等系统级安全问题，建立有效的网络检测与监控机制，以保护主机资源，防止非法访问和恶意攻击，及时发现系统数据库的安全漏洞，有效抵抗黑客利用系统安全缺陷对系统进行的攻击，做到防患于未然。

1. 操作安全设计

为了规范系统操作，增强系统的安全性，系统采用了严格的安全管理措施。

系统定义了多种用户角色，每种角色都有自己独立的操作权限和用户界面，用户登录系统后只能完成权限允许的各种操作。

用户登录系统后的所有操作都要记录日志，并永久保存，以便在发生操作异常时追溯问题，明确责任。

为了保证业务数据的完整性和安全性，在保存和传输业务数据时要对数据加密。

2. 网络安全设计

通过进行合理的网络安全域划分，综合采用防火墙、VLAN 划分、入侵防御、防病毒、URL 地址过滤等安全措施，对整个智慧照明管理平台的基础网络及系统平台进行全面安全防护，以建立安全、可靠的运行环境。

3. 数据安全设计

数据安全对本系统来说尤其重要，在广域网线路上，很难保证数据在传输过程中不被非法窃取、篡改。数据库存储着关键、敏感的数据，任何细小的疏忽、遗漏而造成的敏感信息的破坏、泄露都有可能导致异常严重的后果。因此，如何确保在数据交换的网络传输过程中敏感信息的安全和完整性，保持这些敏感数据在使用、传输过程中的高度强壮性、保密性、完整性和不可抵赖性是整个系统安全设计的重中之重。

3.2.5　解决方案的价值

1. 经济效益

华为智慧照明系统可根据时间、路段、场合等条件设定合理的单灯节能运行方案，在满足照明需求的前提下，实现智能调光（LED 路灯）和开关灯控制（"隔盏亮灯""关辅道灯"等）的节能运行方式，从而达到良好的节能效果。在全夜灯模式下，智能调光平均节电率可达 40%以上，开关灯控制平均节电率可达 30% 以上。单灯节能运行减少路灯亮灯时间，可延长路灯寿命 1 倍左右，从而减少灯具更换频次，产生可观的经济效益。

2. 社会效益

华为智慧照明系统可以实现城市照明的科学管理，使智慧照明与保障民生相融合，加强城市安全，促进低碳环保，助力经济社会发展。

3.3　智慧消防解决方案

近年来，物联网、大数据等新技术正逐步应用到消防领域，智慧消防已纳入各省区市"十三五"消防事业规划，各地掀起智慧消防建设和部署的热潮。

NB-IoT 技术应用到消防领域，可以与传统消防系统形成互补。NB-IoT 网络信号覆盖广、安全性高、功耗低、易部署等特点有助于消防前端设备（如智能烟感、电气火灾监测）快速低成本部署；通过统一接入数据格式，降低集成难度，实时监测设备工作状态，可对设备进行主动维护；通过应用平台引入社会单位运营，过滤误报警信息，快速响应告警，并通知消防监管部门，以信息化手段提升社会监督、消防防控水平。

3.3.1　系统架构

基于 NB-IoT 的智慧消防解决方案作为传统消防系统的补充，无须布管布线，可低成本地部署在未安装传统消防火灾探测系统的场所，提升这类场所的火灾报警能力，有助于及时发现隐患，降低损失。

该方案将分散在城市各处的消防设施通过 NB-IoT 网络接入华为 OceanConnect 物联网平台，将前端海量设备实时收集的消防设施数据汇聚给三江智慧应用云平台，应用云平台进行智能化分析和多级别管理，发现隐患，预测火警，并将告警信息通过 App、短信、微信、电话等通知给相关人员，同时在城市消防设备巡检、监测、维护及综合管理等方面，提供全面、准确、及时的信息反馈，在减少火灾隐患、降低火灾风险、保障人民的生命及财产安全等方面起到了重要作用。该平台还可将各类设备运行状态、告警信息上报至第三方，如监管平台、城市大脑平台，为提升城市管理水平提供基础信息。

智慧消防解决方案包含感知层、传输层、平台层和应用层。感知层和应用层与业务本身紧密相关，是本节讲解的重点；传输层、平台层知识与智慧停车、智慧照明的解决方案类似，这里不再赘述。

1. 感知层

在感知层，为电感烟火灾探测器、感温火灾探测器、电气火灾监控探测器、可燃气体探测器等前端探测设备增加经认证的 NB-IoT 模组，实时监测区域情况，当达到报警状态时，本地告警，同时使用 NB-IoT 网络将告警信息上传至云平台。端侧设备采用事件触发上报机制，将平均功耗降至微安级，使得大部分前端探测设备可采用电池供电，可正常使用 3 年以上。前端海量终端接入，运用动态离散机制，自动调整心跳包上传周期，减小基站通信压力，降低因通道拥挤导致的紧急事件延时送达风险，使得终端可控、可管、可互通。采用 NB-IoT 进行通信，前端探测设备无须布管布线，安装成本低，可按需部署，前端探测设备非常适合安装在老旧住宅、九小场所等。

2. 应用层——丰富的消防应用

智慧消防应用平台对应用建模，将事件、设备、人员进行联动管理，并将运营维护纳入平台，不仅将设备安装到位，还为设备的高效运营提供管理工具。应用层对接入平台的所有设备进行智能管理，实时显示设备工况；数据分析引擎对历史数据进行分析，判断火灾发生风险，并发出告警信息；应变指挥流程实现业主、联网单位与街道一级的联动响应与应变指挥。服务层通过设备管理、角色权限，对事件实时分析，根据规则激活响应流程，提供辅助决策。数据层对设备数据、用户数据、日志数据、规则数据进行结构化管理，并分布式存储，提高数据灾备能力。平台层为接入服务及存储服务提供保障，确保数据安全。

3.3.2 实践案例

三江智慧消防云平台结合"人防"与"技防"的理念，利用物联网、云计算、通信技术等多种先进技术手段，将事件管理、设备管理、人员管理统一规划，引入社会力量对项目进行运维管理，通过前端网络层实时收集消防设施数据，通过云平台进行智能化分析和多级别管理，在城市消防设备巡检、监测、维护及综合管理等方面，提供全面、准确、及时的信息反馈。

1. 事件管理

一旦有事件发生，应用平台可在电子地图上显示告警点的位置及告警建筑的平面图，辅助值班人员确认现场状况，通过联动视频监控系统快速对告警进行确认，确认后的告警信息被迅速传达给住户、巡防员以及物业、居委会等的相关人员，实现快速、及时联动，并对早期火灾进行响应，告警电子地图如图 3-8 所示。

2. 设备管理

通过统计设备的在线率、运行质量等来分析运维情况，实现主动维护。当设备电量达到低电告警标准时，运维人员能快速定位设备位置，在设备瘫痪前更换电池；当设备被拆除后，能发出告警信息至业主及运维值班平台，在第一时间确认拆除原因，确保设备的完好率。需要特别说明的是，借助物联网设备的管理思路，即使是非智能设备，如消火栓、灭火器等，也可采用类似的方法纳入平台进行管理，通过对每个设备分配二维码，建立设备模型，录入设备投运日期、设备工作有效期、巡检周期等参数，即可实现对非智能设备的安装，巡检管理还可通过对巡检内容进行检查与核实，保证设备工作在正常状态，使其在灾害发生时能发挥应有的作用。设备管理相关信息如图 3-9 所示。

图 3-8　告警电子地图

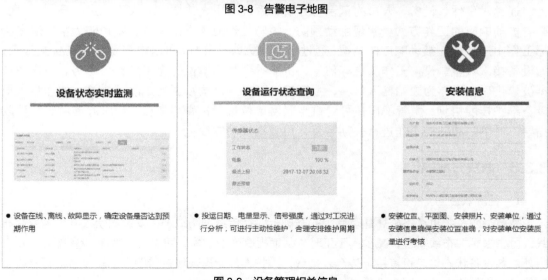

图 3-9　设备管理相关信息

3. 人员管理

以专业化为人员管理的指导方针，对不同的角色，系统赋予的权限也不同，事件、设备的响应也不同。以告警为例，未确认的告警信息可以设置为只传送至业主、消防责任人与平台，已确认的告警信息在此基础上还可以传送至网格员、政府部门主管单位、119 平台等。对于专门的安装 App，可以指引安装人员进行设备安装，同时系统支持上传安装照片、视频与安装定位位置，确保设备安装正确，安装信息被记录。在设置值班时间后，当有事件发生时，直接通知在岗值班人员，非在岗人员可根据需要设置是否通知。巡检人员对设备巡检的时间间隔、巡检内容、当前巡检结果均通过巡检 App 录入，生成巡检记录后保存在平台，方便事后追溯。人员管理相关信息如图 3-10 所示。

图 3-10　人员管理相关信息

4. 变被动响应为主动预防

通过对事件、设备、人员的记录与分析，系统利用大数据对火灾隐患进行预判，改变原有被动响应的工作方式，实现主动预防。消防工作应该未雨绸缪，以预防为主，但在实际工作中还是存在被动响应的情况。通过平台数据统计分析，可以很直观地看到各类报表，如设备接入数量、设备工作状态等信息，也能看到联网单位的隐患统计与趋势，当这些数据被量化后，可作为原始输入材料，主管部门可针对这些数据制定改善措施，如加强人员设备维护技能培训，主管部门还可对重点联网单位进行抽查与考核，针对薄弱项进行整改指导，对消防的防控工作进行长期监管，用数据推动制度化。

3.3.3　解决方案的价值

1. 经济效益

智慧消防系统可在不破坏建筑原貌的基础上填补传统消防缺陷，安装简便；其无需复杂布线，可省去相关布线安装，减少人工工时，从而提高作业效率，可节约 72% 的设备部署成本。另外，各设备状态信息可直接上传至云平台，维护人员无需现场查看即可了解设备运行状态，节约设备维护的人工费用，设备运维人工成本可节约 54%。

消防大数据监管平台为消防和安检等监管部门提供直观的监控画面，管辖区域内的火灾隐患一目了然，而且可以准确定位隐患点，便于早发现、早排查，可减少火灾的发生，显著减少经济损失，还能为监管工作提供很多便利，节约大量的人、财、物，根据内部项目粗略统计，安装该平台后警力、财力、车辆等可节约 50% 左右。

2. 社会效益

（1）城市级联网管理，提高信息化水平。

智慧消防将传统的区域管理升级为联网分级管理，通过信息化管理手段，提高了网络化程度，将人、事、物连接起来，采用结构化的数据格式，提高数据质量，为消防大数据分析奠定了基础。

（2）变被动为主动，提升社会公共安全预防水平。

消防管理及维护由被动变为主动，通过联网大数据分析，可以有效制定预警手段，提前介入，消除火灾隐患，减少火灾事件的发生。采用信息化手段建立台账，定期巡检，确保消防设施定期维护和保养。通过信息化手段开展宣传教育，可有效提高居民消防安全意识。

（3）应用端多向联动，提高突发事件应变效率。

智慧消防系统除了拥有传统语音接警、出警功能外，还可以通过平台、微信、App、电话、短信等接收警情，智慧消防系统自动报告事件发生位置、平面图等信息，通过视频联动，还可以查看火情现场状况及救援进度。通过 App、平台等多应用端互动，指挥人员能实时掌握现场情况，现场人员也能及时获取警情和指挥信息。通过消防数据平台可录入消防设备、设施数据，从电子地图上即可查看周边水源、危化品、建筑构建等情况。另外，还可预设应急处置预案，提高应急救援效率。

未来的智慧消防将不仅仅是一个技术解决方案，而是形成包括公安消防部门、社会联网单位、物业服务企业、消防维保企业、消防产品生产企业、保险公司、消防科研机构和普通公众等多方面的完整产业链，在新技术的支撑下，产业链上下游将共同努力，推动行业向"现代消防"快速转变。

3.4　智慧排水解决方案

城市排水业务面临城市公共服务、百姓民生、城市形象等多方挑战，城市排水也一直存在诸多管理难题。传统的城市排水存在排水设施实时状态不透明、排水事件应对方案不科学、排水设施监管维护不精细、后续改进措施研究不科学等问题，智慧排水成为城市排水发展和建设的热点。目前国内智慧排水领域基本采用基于 GPRS 技术的智能监控管理。数据传输安全性低、网络覆盖面局限性大、偏远地区维护困难、传统网络遭遇关停等问题阻碍了智慧排水的广泛应用。

基于 NB-IoT 的智慧排水的未来趋势是怎样的呢？从系统本身来说，当前的系统实现了回传数据、人为判断并采取措施，在此基础上，可以进一步地将其设置为系统内部自动调节，无须人工干预，系统自己判断内涝及污染风险后自动采取应对措施。就跨系统而言，智慧排水可以进一步和水务全生命周期的其他环节相结合，如城市防涝系统和全流域洪水监测系统相结合以确保没有内涝，城市治污系统和供水系统相结合以确保水源安全。

近年来，我国的海绵城市智慧化进程不断提速，国际上低影响开发、可持续城市排水系统等系统不断成熟，智慧排水系统将和与水相关的其他系统一起组成智慧海绵城市系统。在海绵城市范畴下，从项目规划阶段就介入的智慧排水理念，将通过水利设施设备进入生活的方方面面，如楼宇、街道、公园、下沉绿地、地下水系等。借助着 NB-IoT 的广覆盖和大连接等特点，与水相关的所有数据都将被接入智慧排水平台，同时与其他智慧平台对接交互，形成一个智慧城市有机体，承载所有人的美好生活愿望。

华为智慧排水解决方案基于面向服务架构（Service-Oriented Architecture，SOA）设计思想，采用数据、管理、服务、应用相分离的架构原则，在保持灵活性和扩展性的前提下，实现政务地理信息数据的整合、管理和网络化共享，实现不同市属部门业务应用系统与平台服务的集成。系统核心技术包括跨基础 GIS 平台的中间件技术、瓦片地图引擎技术、海量矢量数据的管理技术，还包括一站式空间信息服务、采用 CSW 规范实现的服务聚合、分布式多节点互连互通、空间数据的备份与恢复、业务流程管理定制、可定制可扩展的后台配置等技术。涉及的关键技术包括 NB-IoT 技术、基于 SOA 的多层软件架构技术、J2EE 技术、采用 CSW 规范实现的服务聚合、基于 WMS 的自适应数据传输访问技术、可定制可扩展的后台配置技术、地理信息系统技术和移动互连技术。

3.4.1 系统架构

智慧排水解决方案的层次结构包括感知层、网络层、数据层、服务层、应用层和用户层，如图 3-11 所示。

图 3-11 智慧排水解决方案的层次结构

1. 感知层

感知层包括基础的监测设备、智能终端设备和网络终端设备，基础监测设备包括雨量计、水质监测仪、液位监测仪、流量监测仪，基础监测终端设备通过集成 NB-IoT 标准模组与 NB-IoT 基站连接，来实现通信能力，智能终端通过 NB-IoT 基站将信息上传给物联网平台。

2. 服务层

服务层包括用于管理各类地理信息数据的地理信息平台，管理传感设备数据的 IoT 平台，管理应急视频会议的视频协作平台和用于模型应用计算、预案优化计算的大数据平台。

3. 应用层

应用层包括排水行业的所有专业应用功能平台，如基础设施管理养护、排水项目业务审批、实时在线雨洪监测、应急指挥调度、黑臭水体监管、雨洪模型应用分析、后台系统管理及视频接入管理等几大应用功能平台。

3.4.2 核心系统

1. 数据库资源

数据库的数据按数据类型主要分为以下几种：基础数据库、业务数据库、监测数据库、空间数据库和媒体数据库。

（1）基础数据库包括排水基础信息类表、排水专题信息类表、监测设备基本信息类表等。

（2）业务数据库包括排水应急指挥调度数据即应急预案和应急资源的调度信息，以及工作成果档案等数据。

（3）监测数据库主要包括基础监测信息、在线监测信息和设备工况监测信息。

（4）空间数据库包括防汛基础信息类信息表、防汛专题信息类信息表、空间关系表等。

（5）媒体数据库包括多媒体文件基本信息表、文档多媒体文件扩展信息表、图片多媒体文件扩展信息表、视频多媒体文件扩展信息表。

数据资源管理的主要功能包括建库管理、数据输入、数据查询输出、数据维护管理、代码维护、数据库安全管理、数据库备份恢复、数据库外部接口等，是数据更新、数据库建立和维护的主要工具，也是在系统运行过程中进行原始数据处理和查询的主要手段。

2. 软件平台

软件平台主要包括应用支撑地理信息平台、基础设施信息管理系统、基础设施养护管理系统、排水项目业务审批系统、实时在线监测系统、应急指挥调度系统、黑臭水体监管系统、仿真排水模型构建及应用系统、视频接入综合管理平台，另外还包括后台系统管理及系统接口开发集成模块。

（1）应用支撑地理信息平台主要是通过集成其他子系统以及预留接口将其他部门管理系统的服务进行整合。

（2）基础设施信息管理系统的目标是在地图上可直观地看到水泵等设施的分布情况及设备列表，单击图上设施可查看设施的实时监测数据，也可从设备列表中定位到某设备位置，还可以在列表上对设备进行编辑管理，同时实现对在线监测设备的管理，包括对设备的属性、数据等进行编辑或查询，并对设备的运行日志进行管理。

（3）基础设施养护管理系统的主要功能包括养护单元认定管理（年养护计划管理、月养护计划管理）、养护任务单元管理、养护记录管理、质量自评管理、查询统计分析等。

（4）排水项目业务审批系统用于规范业务审批流程，实现电子化审批，告别传统低效纸质审批流程，提高涉水行政审批业务办理效率；结合 GIS 地图，在线查询排水相关资料，快速、科学地给出处理意见。

（5）实时在线监测系统的功能包括地图实时显示监测数值、监测数据管理、统计分析、数据对比和告警。

（6）应急指挥调度系统主要用于汛（涝）前应急预案制定，执行预案、应急调度，一雨一报，预案优化等。

（7）黑臭水体监管系统主要实现对城市黑臭水体治理数据的统一管理，包括对黑臭水体相关地理信息、监测信息、文档和图片信息的查询、统计，以及专题图渲染。

（8）仿真排水模型构建及应用系统包括降雨-径流-管网排水模型、水动力水质模型和模型分析应用。

（9）视频接入综合管理平台实现对公安视频，水闸、泵站远程视频以及自建视频的接入。可对视频进行分类组合，多路视频分屏、全屏显示，可根据名称查询视频点，在地图上定位视频点，单击视频点进行视频播放，也可框选某区域，选择播放该区域监控视频。

（10）后台系统管理是系统管理员角色使用的系统，其功能主要包括权限管理、日志管理、用户管理等，同时提供了相关系统管理工具以对系统进行恢复，能应对突发事件。

3. 感知层智能设备

感知层智能设备主要包括智慧排水终端主机和水位传感器。

（1）智慧排水终端主机负责数据采集、数据收发、传感器控制，并对传感器采集的数据进行编辑（如在低温环境下采用温度补偿算法）。主机采用 NB-IoT 通信技术，传输传感器采集的监测数据，接收监控中心发出的指令，并根据指令对运行参数进行操作。

（2）水位传感器即智能液位计，用于控制液位或水位数据的采集，并将数据传输至主机。

3.4.3 实践案例

2017 年 7 月，依托于中国电信在福州市 NB-IoT 网络的全覆盖，由中国电信配合福州市政府部门，在福州 47 个主要易涝区域，布置了数百套基于 NB-IoT 传输技术的智慧井盖、路面积水监控传感器和井下水位监控设备，利用最新的物联网技术积极迎战每一年都会带来内涝的台风季。

本项目的技术亮点是基于 NB-IoT 技术的液位监测防汛设备，其布放在福州市主要水库、河道中，实时上传监测点水位。当上游水位超过设定预警值时，智慧排水系统发出预警信息，提醒作业人员及时调度下游泵站，控制城区水库、河道的蓄水量，防止内涝发生。项目期间，中国电信福建公司在水库、内河流域、低洼地带针对特定地域特别进行了 NB-IoT 网络的优化和精准覆盖，全力保障排涝工作。智慧井盖的实物图如图 3-12 所示。

部署在易涝街区的智能井盖可实时监测井盖开合状态、路面是否积水、井下水位等信息。在内涝期间，一旦发现井盖异常或水位险情，传感器即通过 NB-IoT 网络实时回传警情，系统自动告警，手机端 App 可及时推送警情给值守人员，便于值守人员快速定位，及时到场应对，以防发生安全事故。

NB-IoT 网络和智慧排水系统将原本分散在福州市各处的易涝点、水泵、水库、河道等数据汇聚到一个平台，通过设备管理、实时监测、应急调度、视频平台等模块，极大地优化了管理人员的决策，提高了应急人员的施工效率，大幅度降低了内涝灾害给福州市带来的影响。

基于 NB-IoT 网络的智慧排水系统也对福州市智慧城市建设、NB-IoT 大规模商业化应用等发挥了示范作用，为智慧城市建设提供了全新的思路，为建设水关系和谐的智慧城市提供了新的模板。

图 3-12 智慧井盖的实物图

3.4.4　解决方案的价值

1.　经济效益

根据多个大型项目经验，智慧排水系统投入使用后，通过科学化地调配应急人员，可为有 1 000 万常住人口的大城市每年减少应急人员投入 2 000 人次；通过全域研究基础设施改进方案，可避免重复设施建设投资 500 万元左右。另外，通过 NB-IoT 的低维护特点，可减少维护频次，总体维护率能够降低 30%，为客户节省维护费用高达 35%，从而产生可观的经济效益。

2.　社会效益

（1）实现科学管理：通过智慧排水系统可实现城市精细化、智慧化排水运行管理，实时掌控排水设施运行状态，提升指挥调度和应急处置能力，满足城市科学排水安全需求，提高运维效率和服务质量。

（2）加强城市安全：通过系统建设，减少城市内涝区域，降低城市易涝点内涝风险，保障城市人民财产不受内涝洪水影响。

（3）促进环境改善：通过排水系统科学治污，实现绿色排水，促进城市环境改善，为解决本地区环境污染问题以及因污染引起的众多社会问题作出贡献。

（4）服务民生改善：智慧排水与保障民生相融合，为市民提供一个无须顾虑内涝风险和污染风险的生活环境。

（5）助力经济社会发展：提高城市基础设施智能化水平，加快城市智慧化发展步伐，为促进当地经济社会发展作出贡献。

3.5　本章小结

本章基于华为云物联网平台介绍了智慧停车、智慧照明、智慧消防和智慧排水等物联网行业解决方案，分别从解决方案概述、系统架构、技术路线、实践案例、解决方案价值等方面进行详细介绍。

【思考题】

1. 简述 NB-IoT 技术在智慧停车解决方案中的作用。
2. 简述智慧照明解决方案的整体架构。
3. 简述智慧消防解决方案中云平台的主要功能。

第 4 章
华为云物联网平台的核心能力

04

华为云物联网平台通过开放的 APIs 和独有的 Agent，向上集成各种行业应用，向下接入各种传感器、终端和网关、帮助运营商和企业/行业客户实现多种行业终端的快速接入、各种行业应用的快速集成。本章对华为云物联网平台的设备接入、应用集成、设备生命周期管理和安全管理等核心能力进行详细介绍。

学习目标

① 掌握华为云物联网平台的设备接入和应用集成方法。　③ 了解华为云物联网平台的安全能力。
② 了解设备生命周期管理。

4.1　设备接入

设备接入是华为云物联网平台对海量设备进行连接、数据采集和转发、远程控制的云服务。其可实现海量设备与云端之间的双向通信连接、设备数据采集上云，支持上层应用通过调用 API 远程控制设备，还提供了与华为云的其他云服务无缝对接的规则引擎，可应用于各种物联网场景。

4.1.1　设备原生协议接入

物联网平台支持多样化的设备接入协议，方便终端设备快速接入到物联网平台，降低设备的集成难度。物联网平台通过引入云端接入网关（Cloud Inter-Networking Gateway，CIG）解决了不同类型、不同通信协议的物联网终端设备接入物联网平台的问题。CIG 将各种不同协议发送的消息转换为平台可以识别的统一格式信息并将信息发往服务或事件总线，平台的其他模块则从服务或事件总线中收取消息并进行业务逻辑处理。

目前物联网平台已支持多种设备原生协议的接入，主要包括以下两类。

（1）LWM2M over CoAP 原生协议接入：LWM2M 协议是一种由开发移动联盟（OMA）制

定的轻量级、标准通用的物联网设备管理协议，可用于快速部署客户端/服务器模式的物联网业务。其主要应用于 NB-IoT 设备，具有覆盖广、连接多、速率低、成本低、功耗低等特点。

（2）MQTT 原生协议接入：MQTT 是一种基于发布/订阅范式的 ISO 标准消息协议，主要应用于计算能力有限，且工作在低带宽、不可靠网络的远程传感器和控制设备。

4.1.2　Agent 接入

1. 基于 Agent Lite 接入

Agent Lite 是华为公司提供的一个可以将不同软硬件厂商的通信协议转换成统一的标准协议，是支持不同网络连接方式之间协同转换的中间件。设备厂商将 Agent Lite 集成到设备上后，设备可以安全地接入华为云物联网平台，从而实现数据上报和命令下发等功能。根据集成 Agent Lite 接入的方式可将设备分为直连设备和非直连设备，如表 4-1 所示。

表 4-1　　　　　　　　　　　　　　　　Agent Lite 接入方式

接入方式	接入方式描述
非直连设备	面向不具备 IP 能力的终端设备，只支持近场通信（如 Z-Wave、ZigBee）时，在网关上集成华为 Agent Lite SDK，终端设备作为子设备连接到网关，并通过网关使用 HTTPS+MQTTS 协议快速接入物联网平台
直连设备	面向运算、存储能力较强的具备 IP 能力的硬件设备，在硬件上直接集成华为 Agent Lite SDK，通过 HTTPS+MQTTS 协议快速接入物联网平台

2. 基于 Agent Tiny 接入

Agent Tiny 是部署在具备广域网能力，对功耗、存储、计算资源有苛刻限制的终端设备上的轻量级互连互通中间件，用户只需调用 API，便可实现设备快速接入物联网平台以及数据上报和命令接收等功能。基于 Agent Tiny 接入可以大大缩短用户的开发周期，用户能够聚焦在自己的业务开发上，快速构建自己的产品。Agent Tiny 主要应用在芯片和模组中，设备集成了相关的芯片或模组就可以直接通过 CIG 接入物联网平台。

4.2　应用集成

用户可以使用华为云物联网平台构建自己的业务管理平台，从物联网平台获取发生变更的设备业务信息和管理信息。物联网平台提供了海量 API 接口给第三方应用开发者。通过调用平台的接口，开发者可以开发出基于多种行业设备的应用。每个用户、应用只对自己创建的资源有访问权限。

4.2.1　应用管理

1. IAM 鉴权

当用户希望构建自己的业务管理平台或者 App 时，可以通过应用注册鉴权将业务管理平台或者 App 接入物联网平台，进行设备管理和监控。应用注册鉴权可以确保每一个应用合法地接入到平台，合法地享用平台资源，高效地利用平台提供的服务套件进行应用开发。

物联网平台提供应用注册功能，应用注册后，应用服务器通过 HTTPS 协议调用物联网平台提供的 API 接口，携带鉴权信息访问物联网平台，使应用服务器与物联网平台建立连接。用户基于华为的物联网平台开发物联网应用时，首先需要在物联网平台上根据自身行业应用的特征申请平台资源，获取应用注册鉴权信息，包括应用 ID 和应用对接地址。在此基础上，由开发人员进行平台 API 的调用，完成行业应用的开发。

应用注册鉴权的流程如下。

（1）在华为云上注册并开通设备管理服务。

（2）登录物联网平台的管理控制台。

（3）在管理控制台上创建应用来获取应用 ID 和应用对接地址。

（4）应用服务器使用获取的应用 ID 和应用对接地址与物联网平台进行对接。

2. 订阅推送

订阅是指应用服务器通过调用物联网平台的"订阅平台业务数据"和"订阅平台管理数据"接口，从平台获取发生变更的设备业务信息（如设备注册、设备数据上报、设备状态等）和管理信息（软固件升级状态和升级结果）。订阅的详细内容如表 4-2 和表 4-3 所示。

表 4-2   订阅平台业务数据内容

订阅类型	含义	订阅类型	含义
deviceAdded	添加新设备	bindDevice	绑定设备
deviceInfoChanged	设备信息变化	deviceDataChanged	设备数据变化
deviceDatasChanged	设备数据批量变化	deviceCapabilitiesChanged	设备服务能力变化
deviceCapabilitiesAdded	设备服务能力增加	deviceCapabilitiesDeleted	设备服务能力删除
deviceDeleted	删除设备	messageConfirm	消息确认
commandRsp	命令响应	ruleEvent	规则事件
deviceDesiredPropertiesModifyStatusChanged	设备影子状态变更		

表 4-3   订阅平台管理数据内容

订阅类型	含义	订阅类型	含义
swUpgradeStateChangeNotify	软件升级状态变更通知	swUpgradeResultNotify	软件升级结果通知
fwUpgradeStateChangeNotify	固件升级状态变更通知	fwUpgradeResultNotify	固件升级结果通知

推送是指订阅成功后，物联网平台根据应用服务器订阅的数据类型，将对应的变更信息推送给指定的 URL 地址，也称为回调地址。如果应用服务器没有订阅该类型的数据通知，即使数据发生了变更也不会进行推送。物联网平台在进行数据推送时，数据格式应为 JSON 格式，推送协议可以采用 HTTP 或 HTTPS 协议，其中 HTTPS 协议为加密传输协议，需要进行安全认证，更加安全，推荐使用。订阅推送示意图如图 4-1 所示。

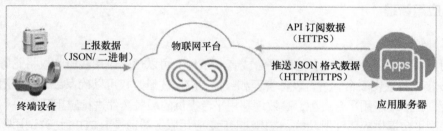

图 4-1   订阅推送示意图

应用服务器使用 HTTPS 协议调用 API 接口进行订阅时，需要校验物联网平台的真实性，即在应用服务器上加载 CA 证书，该证书由物联网平台提供，应用服务器可从华为云物联网平台获取。物联网平台采用 HTTPS 协议向应用服务器进行消息推送时，需要校验应用服务器的真实性，即在物联网平台上加载 CA 证书，该证书由应用服务器提供（调测时可自行制作调测证书，商用时建议使用商用证书，否则会带来安全风险）。

4.2.2　北向 API 开放

生态伙伴在物联网产业中面临新业务上线周期长、应用开发碎片化、产品上市慢的挑战。华为云物联网平台通过提供丰富的 API 降低开发门槛，助力行业应用开发，加速应用上线。华为云物联网平台向第三方应用开发者开放了 50 多个北向 Restful API，开发者通过调用开放的 API 快速集成物联网平台的功能，如设备管理（包括设备的增、删、查、改）、数据采集、命令下发和消息推送等。典型的 API 类型及其应用场景如表 4-4 所示。

表 4-4　　　　　　　　　　典型的 API 类型及其应用场景

API 类型	应用场景
应用安全接入	应用服务器接入物联网平台，获取鉴权信息，应用接入平台，随后携带鉴权信息调用其他应用场景
设备管理	应用服务器调用 API 进行设备的注册和查询、修改设备信息、删除设备等
批量处理	应用服务器调用 API 创建和查询批量处理任务，可以通过批量处理任务进行批量命令下发操作
数据采集	应用服务器调用 API 进行设备的数据采集，可以查询设备信息、上报的历史数据和设备的服务能力等数据
设备组管理	应用服务器调用 API 创建、修改、查询、删除设备组和设备组成员
推送消息	应用服务器调用 API 从平台订阅设备变更通知，当设备数据发生变更时，平台向订阅时指定的 CallBackUrl 地址推送此消息
信令传送	应用服务器调用 API 进行设备命令的下发、下发命令任务的状态查询、下发命令任务撤销等
订阅管理	应用服务器调用 API 进行订阅任务的创建、查询和删除等操作。订阅完成后，物联网平台根据订阅的类型，向指定的 CallBackUrl 地址进行消息推送
软固件包管理	应用服务器调用 API 查询版本包列表，查询指定版本包信息和删除指定版本包
升级任务管理	应用服务器调用 API 创建固件和软件升级任务、查询任务列表和查询指定任务等信息

4.2.3　应用授权

物联网平台作为一个跨行业的通用平台，面向广大的企业用户，支持不同行业、不同类型的应用接入，对设备访问有严格权限管理设置，每个用户、应用只对自己创建的资源有访问权限，默认不能访问其他用户、应用创建的资源。

1. 访问授权

物联网平台支持在控制台上填写应用 ID、授权权限。可以将设备的管理权限授权给其他应用，包括同一个用户下的不同应用之间的授权、两个用户下的不同应用之间的授权（两个应用之间可以相互授权）；也可以授予应用访问资源的部分权限（如只有查询权限）或整体赋权，如管理角色(设备管理的增、删、改、查功能)。

授权不会传递，应用 A 授权给应用 B，应用 B 授权给应用 C，不等同于应用 C 获取了应用 A 的授权。例如，用户将 B 应用授权给 A 应用管理，进行授权操作时可选择授权查询权限或者编辑权限，如果是授权编辑权限，则 A 应用可以管理 B 应用下的设备，A 应用具备与 B 应用一样的设备管理权限,但不允许将 B 应用下的设备挂到 A 应用下的群组中;如果是授权查询权限,则 A 应用仅可以查询 B 应用下的设备。

2. 解除授权

收回资源访问权限,即解除授权。

4.3 设备生命周期管理

设备生命周期管理涉及的内容众多,本节从产品模型定义、设备发放、设备数据采集、设备影子、设备配置更新、命令下发、设备批操作、设备分组及标签、设备远程诊断、规则引擎、设备升级管理、报表统计、设备监控与运维、审计日志等方面进行介绍。

4.3.1 产品模型定义

产品模型(也称 Profile)用于描述设备具备的能力和特性。开发者通过定义 Profile,在物联网平台构建一款设备的抽象模型,使平台理解该款设备支持的服务、属性、命令等信息,如颜色、开关等。当定义完一款产品模型,开发者在进行设备注册时,就可以选择已导入的产品。

1. Profile 文件的构成

Profile 包括产品信息、服务能力、维护能力 3 部分,如图 4-2 所示。

(1)产品信息:描述一款设备的基本信息,包括厂商 ID、厂商名称、产品类型、产品型号、协议类型。

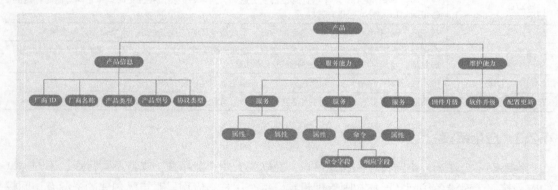

图 4-2　Profile 文件结构

例如,厂商 ID 为 TestUtf8ManuId,水表的厂商名称为 HZYB,产品类型为 WaterMeter,产品型号为 NBIoTDevice,协议类型为 CoAP。

(2)服务能力:描述设备具备的能力特征,包括服务类型以及每个服务具备的属性、命令、命令的参数。

例如,水表具有多种能力,如上报水流、告警、电量、连接等各种数据,并且能够接收服务器下发的各种命令。Profile 文件在描述水表的能力时,可以将水表的能力划分为 5 个服务,每个服务都需要定义各自的上报属性或命令。水表的服务能力说明如表 4-5 所示。

表 4-5　　　　　　　　　　　　　　水表服务能力说明

服务名	描述
基础（WaterMeterBasic）	用于定义水表上报的水流量、水温、水压等参数，如果需要命令控制或修改这些参数，还需要定义命令的参数
告警（WaterMeterAlarm）	用于定义水表需要上报的各种告警场景的数据，必要的话需要定义命令
电池（Battery）	定义水表的电压、电流强度等数据
传输规则（DeliverySchedule）	定义水表的一些传输规则，必要的话需要定义命令
连接（Connectivity）	定义水表连接参数

具体定义若干服务是非常灵活的，如上面水表的例子中，可以将告警服务拆分成水压告警服务和流量告警服务，也可以将告警服务并入到水表基础服务中。

（3）维护能力：描述设备具备的维护能力，包括固件升级、软件升级、配置更新。

2. 导入产品模型

在用户管理控制台上，导入产品模型的方式有库模型导入、本地导入和在线创建 3 种。

（1）库模型导入：物联网平台提供了标准模型和厂商模型，这些模板涉及多个领域。模板中提供了已经编辑好的 Profile 文件，用户可以根据自己的需要对 Profile 中的字段进行修改和增删。有的模板提供了开发好的编解码插件，用户也可以进行修改。

（2）本地导入：当产品开发完成并测试验证完，需要将在线开发的 Profile 移植时，可以将 Profile 导出到本地。当用户已经有完备的 Profile 时（线下开发或从其他项目/平台导出），可以将 Profile 设备接入控制台。

（3）在线创建：在线创建 Profile 前需要创建产品。创建产品需要输入产品名称、厂商名称、设备类型等信息，Profile 会使用这些信息作为设备能力字段进行取值。在创建产品时，如果选择使用系统模板，则系统将会自动使用相应的 Profile 模板，用户可以直接使用或在此基础上进行修改；如果选择自定义产品模板，则需要完整定义 Profile。

4.3.2　设备发放

设备发放（即设备注册）是指用户通过控制台在平台中注册设备信息，或通过应用服务器调用平台的注册接口注册设备信息，当平台中存在设备信息后，再接入真实的实体设备，这样平台与终端实体设备之间可以实现连接和通信。

当用户创建应用后，需要在应用中注册设备。在平台上注册设备信息，并且真实的设备接入物联网平台后，设备采集的数据才能上报给平台或者应用服务器，应用服务器或者平台才能给设备发送相关指令，实现对设备的管理。

在调用注册接口进行设备注册或通过控制台进行批量设备注册后，如果超过默认时间设备未能接入，物联网平台将自动删除该注册设备，详细说明如下。

（1）在调用注册接口时，超时时间可以通过注册接口的"timeout"参数进行设置："timeout"参数值为 0 时，表示注册设备信息永久有效；未设置"timeout"参数值时，则保持默认值 180s。

（2）在控制台进行批量设备注册时，超时时间可以通过批量注册文件中的"timeout"参数进行设置："timeout"参数值为 0 时，表示注册设备信息永久有效；"timeout"参数值未设置时，则保持默认值 180s。

（3）在控制台进行单一设备注册时，注册设备信息永久有效。

4.3.3 设备数据采集

当设备完成与物联网平台的对接后，一旦设备上电，设备基于在设备定义上的规则进行数据采集和上报，规则可以基于周期或者事件触发。数据上报到平台后，如果数据上报格式为二进制码流，则平台通过编解码插件对设备数据进行解析（如果是 JSON 格式，则无需编解码插件），解析后的数据上报给物联网平台。同时，根据控制台的配置定义物联网平台是否存储历史数据，如果控制台被设置为透传方式，则平台不存储历史数据。如果控制台被设置为存储方式，则历史数据最多可被存储 7 天。默认情况下设置为存储方式。

同时，物联网平台支持对设备事件的订阅。例如，应用从物联网平台进行订阅，告知物联网平台希望收到的通知类型以及数据（设备业务数据、设备告警），平台会向应用推送消息。

物联网平台支持查看设备上报的历史数据，平台能够按服务、属性、时间段等维度查看设备上报的历史数据。平台还支持采集设备数据，实时对设备进行监控，当用户订阅的事件同时发生时，用户可以及时获得通知。当用户需要平台向应用推送用户想要了解的信息时，应用可从平台订阅消息，平台向应用推送订阅消息。

4.3.4 设备影子

物联网平台支持创建设备的"影子"。设备影子是一个 JSON 文档，用于存储设备上报状态、应用程序期望状态信息。每个设备有且只有一个设备影子，设备可以通过获取和设置设备影子来同步状态，这个同步可以是影子同步给设备，也可以是设备同步给影子。设备影子的工作状态如图 4-3 所示。

设备影子上有 desired 区和 reported 区。desired 区用于存储对设备属性的配置，即期望值。当需要修改设备的服务属性时，可修改设备影子的 desired 属性值，设备在线时，desired 属性值被立即同步到设备；设备不在线时，则等待设备上线或上报数据，desired 属性值会被同步到设备。reported 区用于存储设备最新上报的设备属性，即上报值。当设备上报数据时，平台更新 reported 属性值为设备上报的设备属性值。

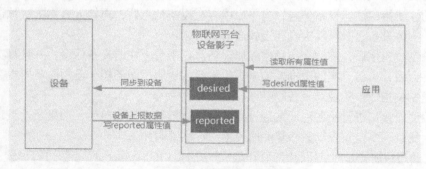

图 4-3 设备影子工作原理

无论设备是否在线，用户都可以通过应用或控制台修改设备属性到设备影子，获取设备状态和获取设备属性值。

（1）修改设备属性：如果设备在线，设备影子直接同步设备属性到设备。当设备离线时，设备影子将命令存储，待设备上线后将命令同步到设备，以便设备能及时接收到平台的指令，不会丢失指令。

（2）获取设备状态：直接获取设备影子的在线、离线或者异常状态，因为设备影子中始终存储设备的最新状态。

（3）获取设备属性值：通过设备影子，可以获取设备最新上报的数据和期望下发的属性值。

当应用需要获取当前的设备状态，将请求发出时，由于当前网络不稳定，设备频繁地上下线，如果这个时候设备掉线，应用将无法获得设备状态，此时，应用可获取设备影子数据。

当应用需要修改设备属性时，对设备下发命令，由于当前网络不稳定，设备掉线，无法收到应用的命令，此时，应用可下发命令给设备影子，当设备重新上线时即可获取命令。

📖 说明

仅 LWM2M 协议的设备支持设备影子功能，对于希望通过设备影子修改的属性，在定义 Profile 文件时，须遵循 LWM2M 协议定义对象的 XML 文件格式，且属性类型为"W"。

4.3.5　设备配置更新

物联网平台支持对设备配置进行更新，即用户可通过控制台对单个设备或批量设备的属性值进行修改，以实现对设备配置的更新。用户可根据实际需求修改设备的属性信息，满足用户频繁、快捷、方便地管理设备的诉求。例如，某路灯最初设置其温度达到 A 摄氏度时告警，若用户需要修改该属性值为 B 摄氏度，则可修改其配置文件，然后通过控制台下发配置文件，以实现配置更新。

针对 LWM2M 协议设备的配置更新，物联网平台提供了设备影子功能，将设备的属性修改信息存储在设备影子中，待设备上线或上报数据时，将修改的设备属性值同步给设备，从而完成设备属性的修改。针对 MQTT 协议接入或集成 Agent Lite SDK 的设备，物联网平台直接配置更新下发，修改设备的属性值。

物联网平台第一次给设备下发配置更新时，如果当前的配置文件下发到设备前又进行了第二次的配置下发，平台会将两次的配置文件进行合并后再下发（如果配置项重复，则后一次会覆盖前一次）。

4.3.6　命令下发

命令下发是指平台将命令下发到设备，设备响应并执行命令，从而达到平台对设备远程控制的效果。

（1）平台下发命令

平台向设备下发命令包括立即下发和缓存下发两种情况，如表 4-6 所示。

表 4-6　　　　　　　　　　　　两种命令下发机制说明

命令下发机制	定义	适用场景	NB-IoT 设备	集成 Agent Lite SDK 设备/原生 MQTT 设备
立即下发	不管设备是否在线，平台收到命令后立即下发给设备。如果设备不在线或者设备没收到命令则下发失败。支持给本应用的设备和被授予权限的其他应用的设备下发命令	立即下发适合对命令实时性有要求的场景，如路灯开关灯，燃气表开关阀。使用立即下发时，命令下发的时机需要由应用服务器来确定	适用，需将省电模式设置为 DRX 或 eDRX 模式，且需要在物联网平台与 EPC 网络之间建立 IPSEC 隧道	适用

命令下发机制	定义	适用场景	NB-IoT 设备	集成 Agent Lite SDK 设备/原生 MQTT 设备
缓存下发	物联网平台在收到命令后先缓存，等设备上线或者设备上报数据时再下发给设备，如果单个设备存在多条缓存命令，则进行排队串行下发。支持给本应用的设备和被授予权限的其他应用的设备下发命令	缓存下发适合对命令实时性要求不高的场景，如配置水表的参数	适用，需将省电模式设置为 PSM 模式	不适用

（2）设备接收命令

对于立即下发模式，下发的命令直接全部下发给设备；对于缓存下发模式，需等待设备上线或者设备上报数据到平台后，按照串行的方式下发命令给设备，即缓存的命令需要按照缓存的时间逐一向设备进行下发。设备命令整个生命周期的状态转换如图 4-4 所示。

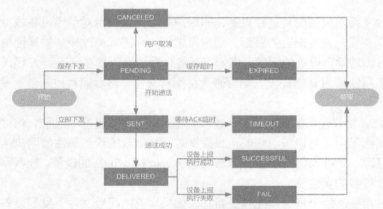

图 4-4　设备命令的状态转换

设备命令状态的详细说明如表 4-7 所示。

表 4-7　　　　　　　　　　　　　　　设备命令状态的详细说明

状态	说明
等待（PENDING）	NB-IoT 设备采用缓存下发模式下发命令时，如果设备未上报数据，物联网平台会将命令进行缓存，此时任务状态为"等待"状态； NB-IoT 设备采用立即下发模式下发命令时，无此状态； MQTT 设备下发命令时，无此状态
超期（EXPIRED）	NB-IoT 设备采用缓存下发模式下发命令时，如果在设置的超期时间内，物联网平台未将命令下发给设备，则状态变更为"超期"。超期时间会以北向接口中携带的 expireTime 为准，如果未携带，默认为 48h； NB-IoT 设备采用立即下发模式下发命令时，无此状态； MQTT 设备下发命令时，无此状态
取消（CANCELED）	如果在命令下发状态为"等待"时，用户人工取消了命令下发任务，则任务状态变更为"取消"
已发送（SENT）	NB-IoT 设备采用缓存下发模式下发命令时，设备上报数据，物联网平台会将缓存的命令发送给设备，此时状态会由"等待"变更为"已发送"； NB-IoT 设备采用立即下发模式下发命令时，如果设备在线，状态变更为"已发送"； MQTT 设备下发命令时，如果设备在线，状态变更为"已发送"

续表

状态	说明
超时（TIMEOUT）	NB-IoT 设备收到命令后，物联网平台在 180s 内未收到设备反馈的收到命令响应，此时状态会变更为"超时"； MQTT 设备无此状态
已送达（DELIVERED）	物联网平台收到设备反馈的已收到下发命令响应后，状态变更为"已送达"
成功（SUCCESSFUL）	设备在执行完命令后，向物联网平台反馈命令执行成功的结果，将状态变更为"成功"
失败（FAIL）	设备在执行完命令后，向物联网平台反馈命令执行失败的结果，将任务状态变更为"失败"； NB-IoT 设备采用立即下发模式下发命令时，如果设备离线，状态变更为"失败"； MQTT 设备下发命令时，如果设备离线，状态变更为"失败"

通过命令下发特性，平台能够为终端用户提供远程控制设备的服务，实现设备连接，也可以实现对设备的批量命令下发等，操作简单快捷。当用户需要对设备进行某一操作，而设备并不在可操作范围内，或者需要操作大批量设备时，可以使用命令下发。

4.3.7　设备批操作

华为云物联网平台支持对设备的批量操作，包括批量注册设备、批量命令下发、批量位置上传、批量设备配置和批量软固件升级。

（1）批量注册设备：因注册设备数量过多而导致注册时间太长，可采用批量注册的方式注册设备。

（2）批量命令下发：当物联网平台需要对批量设备下发命令时，可通过北向接口创建批量命令下发任务，在 SP Portal 上，可查看任务的执行状态、操作者和成功率等信息。

（3）批量位置上传：当物联网平台需要对设备的位置进行批量上传时，可采用批量位置上传操作。这里的设备主要指安装位置相对固定的终端设备，如水表。

（4）批量设备配置：当物联网平台需要对设备进行批量配置时，可采用批量设备配置操作。

（5）批量软固件升级：当物联网平台需要对设备的固件或者软件进行批量升级时，可采用批量软固件升级操作。

设备批操作向物联网平台提供对终端设备统一管理的通道，能提升对终端设备的管理效率，很好地满足用户批量管理设备的需求。当用户接入的设备数量过多，或者需要对全部或某一个群组的设备进行相同的操作时，可以采用设备批操作。批量注册设备和批量位置上传时设备数的上限是 30 000，批量命令下发、批量设备配置和批量软固件升级的设备数上限是 10 000。

4.3.8　设备分组及标签

1．群组

群组是一系列设备的集合，用户可以对应用的所有设备，根据区域、类型等不同规则进行分类并建立群组，以便处理对海量设备的批量操作，例如，对应用的所有水表设备的群组进行固件升级。支持群组的增、删、改、查操作，支持为群组绑定和解绑设备，支持将某个群组里的设备解绑后移动到其他群组。

2．标签

支持对设备打标签，根据标签进行资源检索和跟踪管理，以方便对设备进行管理。

当用户需要对统一规则类型的设备进行管理的时候，可以对设备进行分组（例如，用户需要对一个区域的路灯进行管理）；用户在平台注册设备时，可以为设备添加标签信息，以便在后期的设备管理中快速地通过标签检索对应的设备。

由于物联网设备的数目极多，在进行管理时，需要进行有区分的批量管理操作，将统一规则类型的设备进行有效分组，便于批量管理，降低客户的管理成本。企业用户可直接使用控制台对设备等资源进行运营及维护。华为云物联网平台支持在控制台中对设备进行群组和标签管理。

4.3.9 设备远程诊断

华为云物联网平台支持用户对接入物联网平台的设备进行远程维护操作，当前支持的远程维护操作包括设备日志收集、远程重启和远程恢复出厂设置。设备远程诊断可支持维护人员方便地收集设备信息，快速进行问题定位并提供远程设备维护操作功能，避免近端维护引入的高成本。

（1）日志收集：系统通过日志管理服务对用户操作和系统运行痕迹进行记录。系统中具有完备的日志信息，有助于迅速定位问题及快速解决故障，使运维工程师更精确、高效地进行系统日常维护。系统中的日志主要包括 4 类：运行日志、操作日志、安全日志、系统日志。

（2）远程重启：当需要对设备或者模组进行重启操作时，可通过控制台选择需要重启的设备并进行操作。

当前平台只支持对 NB-IoT 设备进行日志收集和远程重启，远程诊断的能力也依赖于设备或模组，并需要遵循 LWM2M 协议，如表 4-8 所示。

表 4-8　　　　　　　　　　**LWM2M 协议接口中定义的设备远程诊断资源**

资源路径	对象名	资源名	对应物联网平台的功能
/3/0/4	Device	Reboot	远程重启模组
/20/0/4014	Event Log	LogData	模组日志收集

因此，NB-IoT 设备需要支持上述 LWM2M 协议接口里定义的这两个资源，同时其对应产品模型的 omCapability 值不为 null，才能接收和响应物联网平台下发的指令，进行设备日志收集、远程重启模组。

4.3.10 规则引擎

规则引擎是指用户可以对平台接入的设备设定相应的规则命令，在条件满足所设定的规则后，设备会触发相应的动作来满足用户需求。规则引擎包括设备联动和数据转发两种类型。

1. 设备联动

设备联动通过条件触发，基于预设的规则，引发多设备的协同反应，实现设备联动、智能控制，设备联动方案流程如图 4-5 所示。当响应动作为"主题通知"时，物联网平台对接华为云的消息通知服务 SMN，进行主题消息的设置和下发。例如，设置水表的电池电量小于等于 20%时上报电池电量过低的告警信息，用户就能了解设备的供电情况，以便及时更换电池。

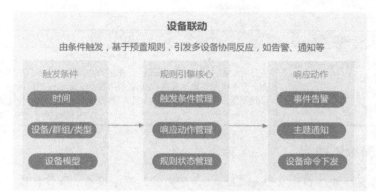

图 4-5 设备联动方案流程

2. 数据转发

数据转发与华为云其他服务无缝对接,实现设备数据的按需转发和处理,用户无须线下购买和部署服务器,即可实现设备数据存储、计算、分析的全栈服务,其方案流程如图4-6 所示。

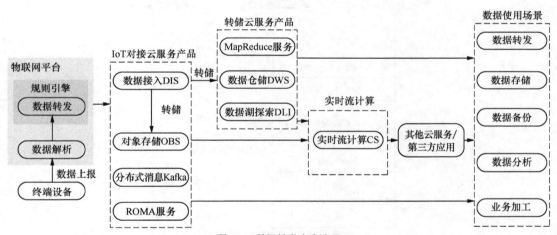

图 4-6 数据转发方案流程

在许多场景中,用户需要将设备上报给物联网平台的数据进行加工处理或用于业务应用。使用物联网平台提供的数据转发功能和订阅推送功能均可实现设备数据的转发。数据转发功能提供初级的数据过滤能力,支持对设备数据进行过滤,再转发到其他华为云服务。对于订阅推送功能,第三方应用可在物联网平台订阅相关业务数据,当业务信息发生变化时(如设备注册、数据上报、设备状态变更等),平台会向第三方应用发送通知消息,通知具体的变化信息。订阅推送功能使应用能快速地获取设备消息,虽然其无数据过滤能力,功能较为单一,但是简单、易用且高效。这两种方式对比如表 4-9 所示。

表 4-9 两种数据转发方案对比

数据转发方案	适用场景	优点	缺点
数据转发	设备上报数据上云;复杂场景	支持将数据转发至其他华为云服务产品;支持对数据进行条件过滤	只能转发设备上报数据,不支持设备注册、设备状态变更等数据的转发

续表

数据转发方案	适用场景	优点	缺点
订阅推送	设备数据推送至第三方应用； 单纯接收设备数据的场景	支持将设备注册、设备数据上报、设备状态变更等多种数据推送至第三方应用	缺少过滤能力； 第三方应用需要自实现对推送数据的存储、分析等操作，无法使用其他华为云服务； 物联网平台默认只提供较弱的 HTTP 推送能力，高于 10TPS 的推送建议使用数据转发规则

4.3.11　设备升级管理

物联网平台支持通过 OTA（Over The Air）的方式对终端设备的固件和软件进行升级。

1. 固件升级

固件升级又称为 FOTA（Firmware Over The Air），是指用户可以通过 OTA 的方式对支持 LWM2M 协议和 CoAP 的设备进行固件升级，升级包下载协议为 LWM2M 协议。FOTA 的流程如图 4-7 所示。

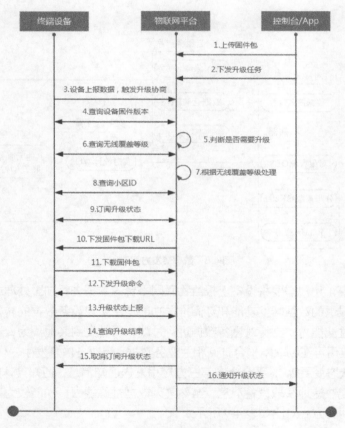

图 4-7　FOTA 流程

FOTA 升级流程的详细说明如下。

（1）步骤 1～2：用户在设备管理服务的控制台上传固件包，并在控制台或者应用服务器上创建固件升级任务。

（2）步骤 3：NB-IoT 设备上报数据，平台感知设备上线，触发升级协商流程。

（3）步骤 4～5.：物联网平台向设备下发查询设备固件版本的命令，查询成功后，物联网平台根据升级的目标版本判断设备是否需要升级。如果返回的固件版本信息与升级的目标版本信息相同，则升级流程结束，不作升级处理；如果返回的固件版本信息与升级的目标版本信息不同，则继续进行下一步的升级处理。

（4）步骤 6～7：物联网平台查询终端设备所在小区的无线信号覆盖情况，获取小区 ID、参考信号接收功率（Reference Signal Receiving Power，RSRP）和信号干扰噪声比（Signal to Interference plus Noise Ratio，SINR）信息。如果查询成功，则根据表 4-10 的方式查询无线覆盖等级，计算可同时升级的并发数，并按照步骤 9 进行处理；如果查询失败，则按照步骤 8 进行处理。

表 4–10　　　　　　　　　　　　　　无线覆盖等级标准

无线覆盖等级	RSRP 门限范围（dBm）	SINR 门限范围（dB）
0	−105≤RSRP	7≤SINR
1	−115≤RSRP<−105	−3≤SINR<7
2	−125≤RSRP<−115	−8≤SINR<−3

如果设备的 RSRP 强度和 SINR 强度均落在等级“0”中，则可以对该小区内 50 个具有相同信号覆盖区间的设备进行同时升级。

如果设备的 RSRP 强度和 SINR 强度分别落在等级“0”和“1”中，则以信号较弱的等级“1”为准，只能同时对该小区的 10 个设备进行升级。

如果设备的 RSRP 强度和 SINR 强度分别落在等级“1”和“2”中，则以信号较弱的等级“2”为准，只能同时对该小区的 1 个设备进行升级。

如果设备的 RSRP 强度和 SINR 强度不在表 4-10 所述的 3 个等级范围内，且均可以查询到，则按照信号最弱的覆盖等级“2”处理，只能同时对 1 个设备进行升级。

如果用户在固件升级过程中发现同时进行升级的设备数较少，可以联系当地运营商检查和优化设备所在小区的无线覆盖情况。

（5）步骤 8：物联网平台继续下发查询小区 ID 信息的命令，获取终端设备所在的小区 ID 信息。如果查询成功，物联网平台支持同时对该小区的 10 个具有相同情况的设备进行固件升级；如果查询失败，则升级失败。

（6）步骤 9：物联网平台从设备订阅固件升级的状态。

（7）步骤 10～11：物联网平台向设备下发下载固件包的 URL 地址，通知设备下载固件包。终端设备根据该 URL 地址下载固件包，下载完成后，设备知会物联网平台固件包已下载完毕。

（8）步骤 12～13：物联网平台向设备下发升级命令，终端设备进行升级操作，升级完成后终端设备向物联网平台反馈升级结束。

（9）步骤 14～16：物联网平台向设备下发命令查询固件升级的结果，获取升级结果后，向终端设备取消订阅升级状态通知，并向控制台或 App（应用服务器）通知升级的结果。

2. 软件升级

软件升级又称为 SOTA（Software Over The Air），是指用户可以通过 OTA 的方式对支持 LWM2M 协议和 CoAP 的设备进行软件升级，升级包下载协议为 PCP。SOTA 的流程如图 4-8 所示。

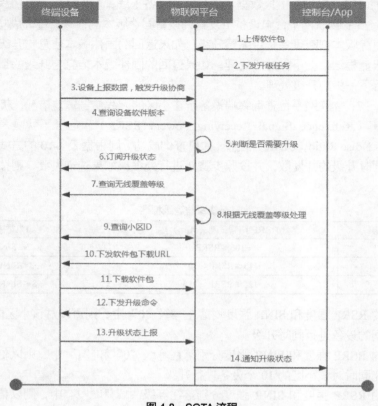

图 4-8　SOTA 流程

SOTA 升级流程的详细说明如下。

（1）步骤 1~2：用户在设备管理服务的控制台上传软件包，并在控制台或者应用服务器上创建软件升级任务。

（2）步骤 3：NB-IoT 设备上报数据，平台感知设备上线，触发升级协商流程。

（3）步骤 4~5：物联网平台向设备下发查询设备软件版本的命令，查询成功后，物联网平台根据升级的目标版本判断设备是否需要升级。如果返回的软件版本信息与升级的目标版本信息相同，则升级流程结束，不作升级处理；如果返回的软件版本信息与升级的目标版本信息不同，则继续进行下一步的升级处理。

（4）步骤 6：物联网平台向设备订阅软件升级的状态。

（5）步骤 7~8：物联网平台查询终端设备所在小区的无线信号覆盖情况，获取小区 ID、RSRP 和 SINR 信息。如果查询成功，则根据表 4-10 的方式查询无线覆盖等级，计算可同时升级的并发数，并按照步骤 10 进行处理；如果查询失败，则按照步骤 9 进行处理。

如果设备的 RSRP 强度和 SINR 强度均落在等级 "0" 中，则可以对该小区内 50 个相同信号覆盖区间的设备进行同时升级。

如果设备的 RSRP 强度和 SINR 强度分别落在等级 "0" 和 "1" 中，则以信号较弱的等级 "1" 为准，只能同时对该小区的 10 个设备进行升级。

如果设备的 RSRP 强度和 SINR 强度分别落在等级 "1" 和 "2" 中，则以信号较弱的等级 "2" 为准，只能同时对该小区的 1 个设备进行升级。

如果设备的 RSRP 强度和 SINR 强度不在表 4-10 所述的 3 个等级范围内，且均可以查询到，则按照信号最弱的覆盖等级 "2" 处理，只能同时对 1 个设备进行升级。

如果用户在软件升级中发现同时进行升级的设备数较少，可以联系当地运营商检查和优化设备所在小区的无线覆盖情况。

（6）步骤 9：物联网平台继续下发查询小区 ID 信息的命令，获取终端设备所在的小区 ID 信息。如果查询成功，物联网平台支持同时对该小区的 10 个具有相同情况的设备进行软件升级；如果查询失败，则升级失败。

（7）步骤 10～11：物联网平台向设备下发下载软件包的 URL 地址，终端设备根据该 URL 地址下载软件包，下载完成后，设备知会物联网平台软件包已下载完毕。

（8）步骤 12～13：物联网平台向设备下发升级命令，终端设备进行升级操作，升级完成后终端设备向物联网平台反馈升级的结果。

（9）步骤 14：物联网平台向控制台或 App（应用服务器）通知升级的结果。

4.3.12　报表统计

报表统计以报表的形式将相关数据直观地呈现给客户，能够使客户迅速地获取数据信息。SP（Service Provider，服务提供者）用户查看南向设备接入及北向应用接入的各种统计数据，监控接入的状态，及时发现设备或者应用的异常。华为云物联网平台为用户提供了丰富的报表功能，如设备总数、在线设备、离线设备、异常数、API 调用数、上报消息数、下发命令数、设备总趋势、设备在线率、设备数据统计图、北向推送统计、命令状态统计、应用告警统计、活跃设备统计等，通过这些功能，可以将数据直观地呈现出来。具体报表名称及功能如表 4-11 所示。

表 4–11　　　　　　　　　　　　报表名称及功能

报表名称	功能	统计周期	刷新时间
设备总数	统计当前应用下注册的设备总数，包括在线、离线和异常设备； 单击"详情"，显示设备总数区域对比和在线设备区域对比的折线图，可以切换按月统计和按天统计； 单击"导出"，可以将数据以表格的形式保存在本地	统计自应用创建到当前时间的数据	每分钟刷新一次
在线设备	统计当前应用下注册的在线设备数； 单击"详情"，显示设备总数区域对比和在线设备区域对比的折线图，可以切换按月统计和按天统计； 单击"导出"，可以将数据以表格的形式保存在本地	统计自应用创建到当前时间的数据	每分钟刷新一次
离线设备	统计当前应用下注册的离线设备数； 单击"详情"，显示设备总数区域对比和在线设备区域对比的折线图，可以切换按月统计和按天统计； 单击"导出"，可以将数据以表格的形式保存在本地	统计自应用创建到当前时间的数据	每分钟刷新一次
异常数	统计当前应用下注册的异常设备数； 单击"详情"，显示设备总数区域对比和在线设备区域对比的折线图，可以切换按月统计和按天统计； 单击"导出"，可以将数据以表格的形式保存在本地	统计自应用创建到当前时间的数据	每分钟刷新一次
API 调用数	统计每日 API 的调用次数，其中包括调用 API 的总数、成功数、失败数、成功率、最大时延、最小时延、平均时延； 单击"详情"，显示 API-App 调用和接口-App 调用的数据，可以切换按月统计和按天统计； 单击"导出"，可以将数据以表格的形式保存在本地。	按天统计	每小时刷新一次

报表名称	功能	统计周期	刷新时间
上报消息数	统计每日设备上报的消息数； 单击"详情"，显示上报数据趋势和平均消息上报速率（次数/s），可以切换按月统计和按天统计； 单击"导出"，可以将数据以表格的形式保存在本地	按天统计	每小时刷新一次
下发命令数	统计每日平台下发的命令数； 单击"详情"，显示下发消息趋势，可以切换按月统计和按天统计； 单击"导出"，可以将数据以表格的形式保存在本地	按天统计	每小时刷新一次
设备总趋势	统计设备总数和在线设备数； 单击"详情"，显示设备总数和在线设备区域对比，可以切换按月统计和按天统计； 单击"导出"，可以将数据以表格的形式保存在本地	按天统计	每小时刷新一次
设备在线率	统计设备在线情况，以百分比形式呈现	按天统计	每小时刷新一次
设备数据统计图	统计所有设备数、在线设备数、离线设备数和异常设备数； 单击"详情"，可以切换按月统计和按天统计； 单击"导出"，可以将数据以表格的形式保存在本地	按天统计	每小时刷新一次
北向推送统计	统计北向推送消息数； 单击"详情"，可以切换按月统计和按天统计； 单击"导出"，可以将数据以表格的形式保存在本地	按天统计	每天 0 点刷新一次
命令状态统计	统计平台下发的所有命令数，包括等待命令、超时命令、失败命令、成功命令、已发送命令、取消命令、已送达命令和超期命令，命令状态统计周期为 90 天	按天统计	每天 0 点刷新一次
应用告警统计	统计应用每天产生的告警信息数，统计周期为 90 天	按天统计	每天 0 点刷新一次
活跃设备统计	统计周期性上报数据的设备数	按天统计	每小时刷新一次

4.3.13 设备监控与运维

物联网平台的设备监控与运维可用于对用户进行统一的设备状态监控与维护，也可以在设备出现故障时进行故障的定位定界。设备监控与运维的功能包括查看设备详情、查看设备状态、查看报表、查看操作记录、查看审计日志、告警管理和设备消息跟踪等，如表 4-12 所示。

表 4-12 设备监控与运维的功能

功能	简述
查看设备详情	在控制台上可以查看每个设备在设备注册和接入时的基本信息
查看设备状态	在控制台上可以查看设备当前状态，如在线、离线、未激活，用户也可以通过订阅获取设备的状态信息
查看报表	控制台提供了丰富的报表功能，方便用户查看设备的使用情况，如设备在线数、API 调用数等
查看操作记录	可以通过控制台查看用户对设备的操作日志，操作类型包括重启模组、配置更新、软件升级等，方便用户在进行问题定位时查看历史操作记录和操作执行结果
查看审计日志	用户在使用物联网平台的过程中，系统会以日志形式收集并记录用户及平台的操作及结果，当某项功能发生异常时，用户可以根据日志的记录信息定位并处理故障
告警管理	如果用户在控制台上设置规则引擎时，定义了响应动作为上报告警信息，且定义了告警属性、告警级别等，则当满足触发条件时，系统就会上报告警信息，需要用户密切关注设备的告警信息并及时进行处理，确保设备的正常运行
设备消息跟踪	在设备绑定、命令下发、数据上报、设备信息更新和设备监控业务场景中出现故障时，物联网平台可以通过消息跟踪功能快速定位故障，分析故障原因

4.3.14　审计日志

当服务出现故障时，用户可以通过收集服务的日志对问题进行定位，同时可以收集操作日志，用于审计和监测操作系统的运行状态。日志主要应用在日常巡检场景和故障定位场景中。日常巡检时，用户可以收集指定时间段的日志，检查之前使用过程中是否有异常行为。故障定位场景就是在使用过程中，某项功能突然发生故障，用户直接查看相关日志，对故障进行定位，这样能更有效地对系统进行维护。

物联网平台具备在 Portal 上根据账户、日志类型（包括操作日志、安全日志、个人数据查询日志、业务日志）、结果、创建时间对日志进行搜索和查看的功能，并能够导出筛选后的日志。

物联网平台具有完备的日志信息，通过日志审计服务可以记录用户的操作和系统运行痕迹，有利于对系统问题进行快速定位。运维工程师可以通过日志信息精确、高效地对系统进行维护，降低客户在系统运维过程中投入的人力和技术成本。日志信息主要包括以下 4 类。

（1）操作日志：记录用户和系统所做的操作和结果，如导出配置、删除配置等，用于跟踪和审计。

（2）安全日志：记录涉及系统安全的操作信息，如创建用户、用户确认隐私声明等，使用户了解系统安全操作的相关信息，及时发现潜在的安全隐患并进行处理。

（3）个人数据查询日志：记录用户对账户进行的操作和操作结果，如查询用户详情、查询登录历史、查询全局用户列表等，用于跟踪和安全审计。

（4）业务日志：记录涉及平台业务的操作及结果，如创建设备、南向设备登录等，用于跟踪南北向业务相关信息，及时发现问题并处理。

用户只有在登录后才可以对日志进行查询操作。日志对所有用户都是只读状态，不允许修改和删除。不同用户查询到的日志范围不同，管理员可以查询所有日志，其他用户只能查询到自己的日志。

4.4　安全管理

与传统 IT 网络相比，物联网安全在终端、网络、平台和云、应用、隐私合规等方面都提出了更高的要求。基于物联网的安全威胁、应用场景和特定安全诉求，华为云物联网平台通过全方位涵盖端、管、平台和云、数据安全、隐私保护、端到端安全管控运维等，构筑多道防线，实现纵深防御。设备安全和网络安全是华为云物联网平台的两大核心安全能力。

4.4.1　设备安全

1. 一机一密

一机一密是指对于每个 MQTT 设备，平台都会提供一个设备密钥，并且预先烧录设备 ID（DeviceID）和设备密钥（secret）到每个设备中。当设备与物联网平台建立连接时，物联网平台对设备携带的 DeviceID 或 NodeID 及密钥信息进行认证。认证通过后物联网平台才允许设备接入，设备与物联网平台间才可传输数据。终端设备接入平台的流程如图 4-9 所示。

图 4-9　终端设备接入平台的流程

2. 轻量级设备可信管理

终端设备是物联网安全解决方案的薄弱环节，物联网平台支持采用设备标识组合引擎（Device Identity Composition Engine，DICE）方式对设备接入进行管理，提高终端设备的安全性，避免设备遭到黑客攻击从而造成经济损失，如水表计费变高，同时使用 DICE 方式接入能够降低物联网平台管理海量设备密钥的风险。

DICE 向物联网平台提供设备身份有效性及软件完整性的证明，解决终端由于软硬件资源受限而更容易受到攻击的问题。DICE 认证的流程如图 4-10 所示。

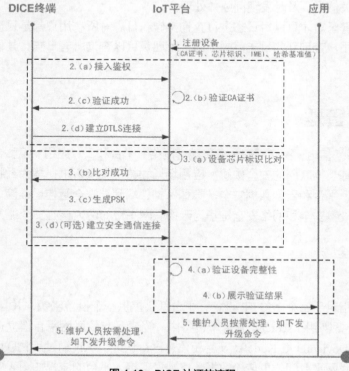

图 4-10　DICE 认证的流程

（1）用户在注册设备时填写从设备厂商处获取到的设备芯片标识、软件哈希值的基准值（包括 0 层、1 层、2 层、3 层哈希值及版本号）、IMEI，并上传厂商 CA 证书。

（2）设备接入平台时，平台通过计算 0 层哈希值得到芯片标识，并根据标识获取在平台预置的 CA 证书，通过 CA 证书逐层验证设备携带的证书链的有效性，验证通过后建立设备与平台的 DTLS 连接，此时平台认为设备是合法的。

（3）物联网平台从解析的证书链中获取设备的 IMEI 号和芯片标识，并将它们与设备注册时填写的信息进行比较，如果不一致，则断开 DTLS 连接。如果校验通过，则设备侧会生成 PSK，并将其通过创建的 DTLS 通道发给平台，平台对 PSK 进行保存。后续设备与平台断开 DTLS 连接，在 PSK 的有效期内再次建立连接时，设备可通过 PSK 码与平台建立 DTLS 连接。

（4）物联网平台通过从设备证书链中获取各层软件哈希值与版本信息，并与设备注册时填写的哈希基准值及版本号进行比对，将比对的结果在控制台中进行展示。

- 版本信息及各层哈希值一致：用绿色展示，表示版本最新，允许设备接入，同时会在设备列表中呈现当前设备可信状态为"版本最新"。
- 版本信息不相同，各层哈希值一致：用黄色展示，表示版本陈旧，设备的软件需要更新，允许设备接入，同时会在设备列表中呈现当前设备可信状态为"版本陈旧"，并告知运维人员。
- 版本信息及各层哈希值都不一致：用红色展示，表示因设备被外部攻击等导致软件被篡改，允许设备接入，同时会在设备列表中呈现当前设备可信状态为"软件遭篡改"，并告知运维人员。

在物联网平台注册设备时需要设置是否首次可信，即设置设备首次接入时，是否对软件各层的哈希值和版本号进行校验。

- 设置为"是"时，平台不会去校验设备各层软件的哈希值和版本号，而是直接把设备上报的各层哈希值、版本号同步至数据库存储，设备可信状态为"版本最新"。
- 设置为"否"时，平台会校验设备哈希值是否与平台存储的匹配，根据匹配结果刷新设备的可信状态。

（5）平台将验证结果呈现在控制台上，维护人员根据呈现的设备可信状态执行相应措施，确保设备与平台通信的安全。如控制台上可信状态为"版本陈旧"，维护人员可以对设备下发版本更新的命令。

3. 异常设备检测

为更好地保证物联网平台的正常运行，防止某些异常设备对物联网平台发起攻击，导致物联网平台负载过高，甚至不能正常处理业务，物联网平台通过设置规则识别并隔离异常设备，可视化海量终端设备的安全状态，从而降低安全管理成本并降低安全风险。

物联网平台识别异常设备的方式是通过规则及大数据分析检测恶意终端，其中大数据分析将结合设备个体的历史行为（如时间序列分析）及设备群体行为模式（如离群点分析）进行异常检测，具体如下。

（1）基于上报元数据的异常检测。

元数据不针对报文内部的信息进行检查，主要是对数据包流量行为进行检查，元数据异常检测分为两个场景。

- 基于元数据信息维度的异常检测,目前分析可利用的字段包括:元数据信息的上报时间、包长（包含包头）。

- 基于上报频率的异常检测，通过分析设备上报数据的周期及频率信息来分析异常。

（2）基于数据内容的异常检测。

基于数据内容的异常检测需要针对不同的客户业务场景做具体业务分析，结合上报内容和被分析业务做异常行为分析建模。

目前该功能仅用于部署方案为华为公有云的场景，并且只能用于水表和路灯设备，非水表和路灯设备不适用。当前支持检测的异常类型有：发送包长异常、消息速率异常、错误的 Token、IMEI 仿冒、CoAP 畸形报文、DTLS 会话攻击、码流过短、超长消息、软件校验异常、证书中的 IMEI 错误、证书过期、平台地址变更、无法识别的 AT 命令、不存在的 IMEI、不存在的 PSK ID、水表用量衰减异常、水表用量一致异常、水表用量剧减异常、水表用量平稳异常、路灯灯头数量异常、路灯开灯时间异常、路灯关灯时间异常、路灯调光时间异常、路灯电压异常、路灯电流异常、路灯最大功率异常、路灯最大功率下阻抗异常、路灯亮度功率比异常、路灯功率因数异常、路灯异常数据点占比激增、路灯平稳电流异常、发送时间异常、发送频率异常和其他异常。

4.4.2　网络安全

物联网平台网络安全功能包括接入安全技术、平台安全日志和审计、欧盟隐私合规、证书安全、个人隐私保护和基于主机型入侵检测系统（Host-based Intrusion Detection System，HIDS）主机安全等。

1. 接入安全技术

根据功能及网络的安全性要求，华为云物联网解决方案组网接入分为信任区接入、半信任区接入和非信任区接入。其中华为云物联网平台为信任区，半信任区主要是管理和维护网络，非信任区包含了行业应用网络和设备接入区，信任区内部的数据交互默认是明文传输。信任区与半信任区，信任区与非信任区的数据交互都会以密文形式传输，以防止所传送的数据被窃取、篡改和仿冒，保证数据完整性和机密性。

2. 平台安全日志和审计

将各节点上的操作系统日志、数据库审计日志以及 Web 容器的运行日志收集到一个日志存储服务器上，用于防止在各节点被黑客入侵之后审计日志被删除，业务无法回溯被攻击途径。平台安全日志和审计可以提升产品自身安全审计能力。

3. 欧盟隐私合规

物联网平台对于传感器历史数据查看和网关日志有如下安全措施。

- 个人数据导出匿名化。
- 运行日志和抓包信息匿名化。
- App 用户授权操作。

4. 证书安全

物联网平台提供了证书管理功能，当通信双方需要通过数字证书进行身份认证时，可以在物联网平台上传该数字证书，从而保证物联网平台和外部系统的通信安全性，防止通信数据在传输过程中被篡改并造成安全风险。

5. 个人隐私保护

物联网平台在提供数据库备份、数据库存储、历史数据、日志数据、现网问题定位和具体业务实现等功能时，将不可避免地使用用户的个人数据。为保证终端用户的个人数据文件安全和个人隐私不受侵犯，物联网平台参照各地区数据与隐私安全法律和法规的要求，提供了一系列全流程的数据安全与隐私保障措施，涵盖数据收集、数据存储、数据处理、数据传输、数据销毁等环节。

6. HIDS 主机安全

为了实现主机侧漏洞管理、入侵检测、病毒检测、配置基线检测、资产管理等功能，构建主机侧安全防御系统，针对黑客入侵过程中对系统安全有重大影响的关键节点，对各种攻击行为和操作提供实时的监控方法和手段，物联网平台提供了 HIDS，保障物联网平台的安全，主要包括以下几个方面。

（1）暴力破解监测技术：通过分析 Linux 系统登录日志，结合设定的规律，如果发现有攻击者对用户名口令进行破解的痕迹，则上报 OS 入侵检测告警。

（2）异常 Shell 检测技术：检测/bin/bash、/bin/sh、/bin/false 文件中的 Shell 进程，若存在异常，则上报 OS 入侵检测告警。

（3）权限提升行为监控技术：通过检查进程的新旧状态变化，以及对比分析进程和父进程、祖先进程的状态、权限、调用关系等相关信息来发现异常的进程权限变化，若存在异常的权限提升行为，则上报 OS 入侵检测告警。

（4）Rootkit 检测技术：Rootkit 是攻击者在攻击时用来隐藏自己的踪迹和保留 ROOT 访问权限的工具，它分为用户态 Rootkit 和内核态 Rootkit，若检测到用户态 Rootkit 在操作系统应用层修改系统文件，则上报 OS 入侵检测告警。

（5）非法用户检测技术：检测是否存在用户身份标识 UID 为 0 的非 ROOT 用户，若存在则上报 ALM-5001 OS 入侵检测告警。

（6）网卡嗅探检测技术：通过 ioctl 命令获取网卡信息列表和每个网卡的 flag 信息，若有"IFF_PROMISC"标志，且使用 ifconfig <网卡名>命令后输出结果包含关键词"PROMISC"，说明网卡处于混杂模式，上报 OS 入侵检测告警。

（7）弱口令检测技术：内置弱口令检测字典，通过 hash 碰撞的方式检测系统中是否存在弱口令，如果碰撞成功则认为系统存在弱口令，上报 OS 入侵检测告警。

（8）挖矿检测技术：通过读取设备上各进程的二进制文件、命令行的内容，将它们与挖矿样本的特征字符串进行对比，若二者相同，说明该进程是挖矿进程，上报 OS 入侵检测告警。

需要注意的是，HIDS 主机安全技术不会重复告警，如同时检测到非法用户及异常的权限提升行为，平台仅上报一次告警信息。另外，告警状态不会自动恢复，即当安全风险消除后，已经产生的告警信息不会自动删除，需要手动处理。

4.5　本章小结

本章对华为云物联网平台的核心能力进行了详细介绍，分别从设备接入、应用集成、设备生命周期管理、安全管理等方面进行了介绍，并详细讲解了物联网平台设备生命周期的主要功能。

【思考题】

1. 简述华为云物联网平台的核心能力。
2. 华为云物联网平台支持哪些原生协议接入?
3. 简述设备生命周期管理的主要内容。

第 5 章
华为云物联网平台的安全管理

05

在构建万物互联的物联网世界的过程中，物联网平台的安全问题是用户最关心的问题之一。设备的安全接入、数据的安全传输和数据的安全处理是物联网平台需要具备的安全能力。本章对华为云物联网平台的平台侧、网络侧、终端侧安全保障和数据隐私保护等安全能力进行了详细介绍。

学习目标

① 了解物联网系统面临的主要安全问题。

② 理解华为云物联网平台的总体安全策略。

③ 理解平台侧、网络侧、终端侧安全的保障机制。

④ 理解数据隐私保护的主要机制。

5.1 华为云物联网安全概述

物联网的核心是建立一个由相互连接的物体构成的通信网络。通过通信网络，这些物体不仅能从它们周围的环境获取信息，与物质世界进行互动，而且能够使用现有的互联网标准来提供服务，物联网是互联网从数字世界向物理世界的进一步延伸。物联网对用户数据的操作须遵循合法性原则、目的限制性原则、内容完整正确原则、透明性原则、最小限度原则、安全性原则。

物联网需要面对传统 TCP/IP 网络、无线网络和移动通信网络等诸多网络所要面临的问题。物联网涉及的终端数量巨大、种类多样、分布广泛，物联网网络的规模越大，安全问题的影响越大。由于物联网设备大多应用在核心领域和关键环节，其所承载的资产价值较高，所以其更容易遭受黑客攻击，出现数据丢失、信息骚扰等安全问题。

5.1.1 面临的安全挑战

在安全领域，物联网的发展要面对信息安全、网络安全、数据安全、生命财产安全等诸多问题，物联网的本质决定了安全保护的重要性，物联网面临的安全挑战如下。

（1）海量设备接入：相比于传统的互联网，物联网接入设备的类型和数量成倍增长，这些设备的防护水平和等级参差不齐，给攻击者入侵带来了便利。当众多智能化设备都接入网络以后，可被侵入的入口数更多，物联网面临的安全挑战也更大。

（2）应用类型丰富：物联网极大地扩展了互联网的应用范围，新应用的引入也带来了新的安全风险，如黑客可以通过入侵物联网系统来控制用户家中的智能设备等。

（3）用户隐私保护：物联网涉及更多的用户数据，如用户个人的健康数据、用户家中的监控视频等，这些都需要得到妥善的保护。

（4）数据篡改：在物联网时代，物联网数据存在被非法操作或人为篡改的风险。

（5）设备控制：智能终端设备被恶意控制会带来巨大的安全问题。

5.1.2 总体安全策略

华为云物联网平台提供端到端的安全设计方案，涉及业务安全、平台安全、接入安全和传感器安全。华为云物联网平台参考物联网行业安全的最佳实践方案，构筑多层防御系统，提供可靠的安全措施，确保物联网平台的安全性。基于分层防御原则、各层网元的业务特点以及所面临的安全威胁，华为云物联网平台从安全架构、安全对策、关键措施 3 个方面构筑系统的安全策略，如图 5-1 所示。

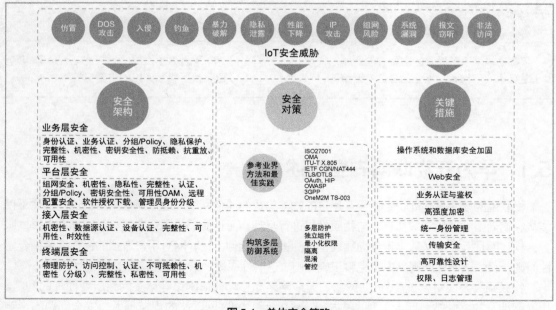

图 5-1　总体安全策略

1. 安全架构

物联网平台包括业务层、平台层、接入层和终端层，每一层都可能因存在的安全漏洞成为被攻击的对象，因此每一层都应该提供相应的安全方案以保护业务系统的安全。物联网平台安全架构可以分为业务层安全、平台层安全、接入层安全和终端层安全，这 4 个层面共同组成了物联网平台的安全架构模型，如图 5-2 所示。

（1）业务层安全：身份认证、业务认证、分组/Policy、隐私保护、完整性、机密性、密钥安全性、防抵赖、抗重放和可用性。

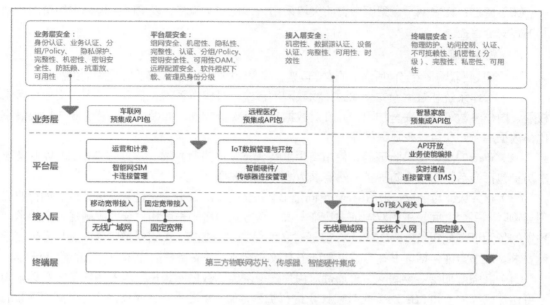

图 5-2　安全架构模型

（2）平台层安全：组网安全、机密性、隐私性、完整性、认证、分组/Policy、密钥安全性、可用性 OAM、远程配置安全、软件授权下载、管理员身份分级。

（3）接入层安全：机密性、数据源认证、设备认证、完整性、可用性、时效性。

（4）终端层安全：物理防护、访问控制、认证、不可抵赖性、机密性（分级）、完整性、私密性、可用性。

2．安全对策

华为云物联网平台参考物联网行业的最佳实践方案，制定了完整的安全对策来保证物联网平台系统和用户的安全，制定的主要安全对策如下。

（1）多层防护：采用分层的安全防护策略，为华为云物联网平台构建多层的安全防线。不同的安全防线采用不同的安全策略，当网络中某个安全防线被攻破后，其他网络实体依然能够对该安全威胁实施有效的防护，确保网络的安全运行。

（2）独立组件：物联网平台中的各系统都互相解耦独立，模块化的各组件之间保持通信互连又相互安全隔离，确保各个系统能够提供独立、安全、可靠的服务。

（3）最小化权限：通过在 Portal 上完成对不同用户的权限管理，对不同级别用户开放能完成正常业务操作的最小权限、最小带宽和最小系统资源。默认禁止不必要的网络服务和进程，使网络安全风险降到最低。

（4）隔离：物联网平台组网中，防火墙提供了基于安全区域的网络隔离模型，每个安全区域可以按照网络的实际组网情况加入任意接口，但不会受到网络拓扑的影响。

由于在物联网平台网络中，边界网络的实际应用和拓扑多种多样，因此需要将这些接口进行安全域的划分，这样不同的接口会被划分到不同的安全域中，在实际组网中加入接口时只需要选择其所属的安全域即可。

（5）混淆：物联网平台对 JavaScript 混淆之后，攻击者无法查看 JavaScript 源代码，从而提高了系统的安全性。

（6）管控：物联网平台组网中，防火墙采用一体化安全策略，以同时实现基本的访问控制和内容安全管控。

3. 关键措施

为了解决物联网平台当前所面临的安全问题，华为云物联网平台采取了如下关键措施。

（1）操作系统和数据库安全加固：物联网平台统一对操作系统的服务、口令、文件和目录权限、内核参数等进行安全加固，并且对数据库进行安全加固，如最小化安装、账户权限最小化，数据库文件和目录权限保护等。

（2）Web 安全：提供验证码，使用商用工具 AppScan 进行扫描。常见的 OWASP Web 类攻击防护包括会话固定攻击防护、跨站请求伪造攻击防护等。

（3）业务认证与鉴权：采用密码+单向证书认证的方式，部分安全性较高的通道，如行业应用与物联网平台之间，采用双向证书认证方式。该方式中密码长度和复杂度应满足安全要求。预置的华为证书私钥长度为 2048 位，且通过私钥保护口令加密，私钥保护口令应满足密码复杂度要求。证书验证包括证书签名验证和证书有效期验证，并支持替换为用户自己的数字证书。

（4）高强度加密：物联网平台通过对用户账户密码、数据库账户密码等用户私密数据采用不可逆加密算法（如 PBKDF2 或 HMAC）进行加密存储，可防止彩虹表攻击。对于需要还原的密码采用 AES128 以上的可逆加密算法。

📖 **说明：**

彩虹表攻击就是针对特定算法（尤其是不对称算法）进行有效破解的一种方法。它首先建立源数据与加密数据之间对应的彩虹表，获得加密数据后，通过比较、查询或一定的运算快速定位源数据。理论上，如果不考虑查询所需要的时间，彩虹表越大，破解越迅速。

（5）统一身份管理：统一身份管理将分散的用户和权限资源进行统一集中管理。统一身份管理将实现 Portal 用户身份的统一认证和单点登录，改变原有各业务系统中的分散式身份认证及授权管理，实现对用户的集中认证管理，简化用户访问各系统的过程。

（6）传输安全：物联网平台遵循各种安全协议，保证所传送的数据不被网络黑客截获和解密。

（7）高可靠性设计：物联网平台的开放架构支持各个功能模块独立部署，单个功能模块出现问题时不会影响其他模块的功能。核心服务设备采用主备双机或集群方式，当主用设备出现故障时，双机系统能够自动将业务切换到备用设备，保证业务的正常运行。

（8）权限管理：物联网平台提供维护账号的权限管理功能，确保维护人员在满足工作需要情况下的操作权限最小化，防止未被授权人员对设备进行非法操作。

（9）日志管理：物联网平台对日志记录和输出进行管理，通过查询日志可以及时发现非法操作记录、设备故障原因等信息。

5.2 平台侧安全

华为云物联网平台的平台侧安全机制包括 Web 应用安全、接入安全、业务安全和部署环境安全等。平台侧通过端云协同的大数据安全分析能力，实现全网的智能安全态势感知、可视化和安全防护。

5.2.1　Web 应用安全

Web 应用安全是物联网云平台安全的一个重要方面。Web 应用安全涉及内容广泛，包括认证、授权、会话管理、安全配置、各种注入防范等内容，若设计不当或开发不正确，就会引入相应的安全风险，从而导致系统被攻击、敏感信息被窃取等。

1．Web 安全框架

华为云物联网平台为了降低 Web 应用安全风险，引入了华为自研的 WSF 安全框架，此框架在 Spring Security 和 ESAPI 的基础上，结合华为安全规范要求以及产品实际情况进行定制优化，提供了集成认证、授权、会话管理、注入防护 API 等各种功能，可以防范注入攻击、跨站脚本攻击、文件上传等常见的 Web 安全风险。

2．登录双因素

暴力破解是一种最常见、最简单、最有效的攻击手段，即使实施了强制密码复杂度、图形验证码等防护举措，也仍然无法有效防止暴力破解攻击。因此华为云物联网平台的 Portal 登录提供了登录双因素功能，开启此功能后，用户不仅需要输入正确的用户名和密码，还需要输入短信验证码，登录密码和短信验证码均校验成功后，才允许用户登录 Portal 应用。

5.2.2　接入安全

1．证书接入认证

对于车机等重要的物联网终端设备，云平台支持双向证书认证。每个车机部署唯一的设备证书，物联网平台支持验证设备证书的签名、有效期和 CRL 等认证因素，车机验证物联网平台预置的证书。证书接入认证流程如图 5-3 所示。

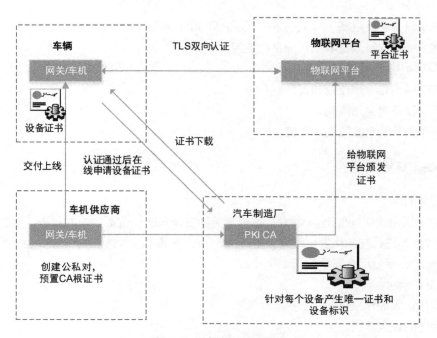

图 5-3　证书接入认证流程

2. PSK 接入认证

对于一般设备的接入，采取验证设备密码和 PSK 参数的方法。网关在物联网平台注册，无论设备是否携带 PSK 参数，物联网平台都会为设备分配设备 ID、密码（超长口令 20 个字符）、PSK、NodeID 和校验码（16 个字符）。设备接入网关后，物联网平台会校验已分配给网关的认证参数。

3. 第三方应用和 IT 系统接入

使用证书+密码认证，密码采用 PBKDF2 算法保存。

5.2.3 业务安全

业务安全是指结合物联网实际场景，制定相应的防护措施。

物联网终端种类繁多，南向提供了较多协议接入，包括 MQTT、HTTP、CoAP、LWM2M 等，面对外部不可信的接入消息，平台协议栈和处理模块需要具备协议抗攻击能力，并对异常的终端进行检测和隔离。

接入协议可分为 HTTP、TCP、UDP 3 种类型，针对这 3 种协议类型，物联网平台支持 HTTP、TCP 数据流透传源 IP 地址，物联网平台内部服务支持源 IP 解析和终端 ID 关联，并实现终端级、平台级的流控、错误检测等处理，而 UDP 数据流直接在物联网平台内部进行处理。

物联网平台支持的安全能力包括 HTTP 防攻击、TCP 防攻击和 DTLS/UDP 流控，详细说明如下。

（1）HTTP 防攻击

* 支持终端级流控和告警。
* 鉴权成功率低告警、接口成功率低告警。

（2）TCP 防攻击

* 单个设备建链限制（默认一条）、设备级的消息流控。
* 网关级的建链数量限制，消息数流控。

（3）DTLS/UDP 流控

* 网关级消息速率流控和告警。
* 单个设备单会话限制。
* 单个设备消息数限制和告警。

5.2.4 部署环境安全

1. 安全加固

安全加固是指根据业务实际需求，结合常见的安全风险，依据安全的原则，对操作系统、中间件、数据库进行初始化安全配置。如 Linux 操作系统安全加固包括基础安全、系统服务安全、内核安全、账号口令安全和安全审计。

（1）基础安全。

* 使用正版操作系统。
* 合理的硬盘分区。
* 安装最新的补丁。

- 最小化安装，不安装业务不需要或存在风险的服务。

（2）系统服务安全。

对常见的系统服务进行安全配置，如配置 SSH 服务、配置安全的加密算法、配置登录超期时间等。

（3）内核安全。

对内核参数进行相应的调整，如增加客户端连接请求的最大连接数，以防止其受到 SYN flooding 攻击，如下面的代码所示。

```
net.ipv4.tcp_max_syn_backlog=4096
net.ipv4.tcp_syncookies=1
```

（4）账号口令安全。

包括禁止 ROOT 登录、口令过期时间、口令复杂度等要求。

（5）安全审计。

操作系统日志主要用于审计和监测，系统管理员可以通过操作系统日志实时监测系统状态并通过日志来检查错误发生的原因，通过攻击者留下的痕迹监测和追踪侵入者等。

2. 确保容器安全

华为云物联网平台基于云化的架构设计和部署，根据 Docker 架构的特点，从以下方面确保容器安全。

- 攻击防护：日志防暴、防 DOS、防 Fork Bomb。
- 权限限制：Capability、ROOT 到普通用户映射、Docker 服务去 ROOT。
- 认证接入：Docker 客户端认证接入 Daemon。
- 数据保护：容器卷数据加密、Docker 镜像签名、数据隔离。
- 安全隔离：chroot、namespace、cgroup、seccomp、SGX 等技术手段。
- 安全审计：日志审计、Image 完整性签名校验、黑白名单（client 参数、共享通道）、容器权限审查、通信安全加密检查。
- 安全加固：可信或安全启动、可信度量、Docker Iptables、内核增强（PaX）。
- 访问控制：可信访问 Docker Server、MAC（grsec/SElinux Docker/AppArmor）。
- 威胁监控和检测：容器入侵行为分析、异常行为检测。
- 安全扫描：病毒检查、容器漏洞扫描、恶意程序扫描。

Docker 整体安全框架如图 5-4 所示。

3. 主机入侵检测

通过在主机上部署入侵检测系统，可以提升主机整体的安全性，系统的具体功能包括账户破解防护、弱口令检测、恶意账号检测、恶意程序检测等。

4. 软件和补丁完整性保护

软件和补丁完整性保护就是提供鉴别软件、补丁是否合法的能力，禁止将不安全、未认证的软件、补丁安装到系统上，并且防止已经安装的软件包被篡改或被病毒感染。软件包完整性保护机制是通过数字签名来实现的。

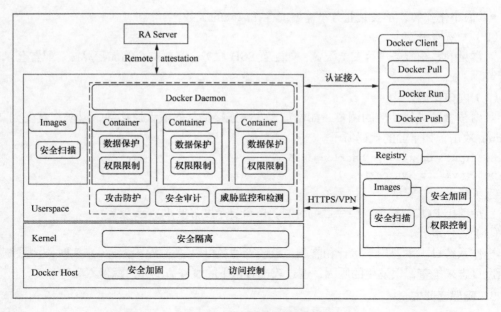

图 5-4　Docker 整体安全框架

5.3　网络侧安全

华为云物联网平台的网络侧安全包括组网安全和网络传输安全，主要通过物联网安全网关或防火墙实现数据传输加密，并对大量物联网专有协议和网络进行安全防护。下面对这两个方面分别进行详细介绍。

5.3.1　组网安全

为了避免不同风险级别、不同业务类型的节点相互影响，并减少攻击面，物联网平台内部划分了不同网络平面，相互隔离，通过专用安全设备抵挡外部攻击。组网安全的网络部署方案如图 5-5 所示。该部署方案实现了内部网络和外部网络的隔离以及管理网络和业务网络的隔离。图中安全组指的是通过 ACL 设置子网允许进出的报文，只有业务需要的报文才能接入。

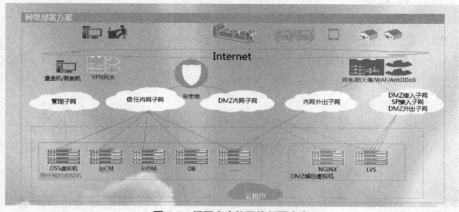

图 5-5　组网安全的网络部署方案

在互联网边界处部署 WAF、AntiDDos 等设备，对物联网进行相应的安全防护，即可实现网络边界安全防护。

5.3.2　网络传输安全

物联网平台遵循各种安全协议传输数据，保证所传送的数据不被网络黑客截获和解密。

（1）非信任区和信任区之间（如行业业务网络和物联网平台、设备接入区与物联网平台、行业 BSS 与物联网平台之间）支持采用安全传输层协议（Transport Layer Security，TLS）或数据包传输层安全性协议（Datagram Transport Layer Security，DTLS）加密保护。

（2）当设备采用 CoAP 接入平台时，设备默认采用 DTLS 协议进行加密传输。

（3）半信任区和信任区之间支持采用 TLS 加密保护，各区域间的 TLS 证书部署、私钥加密均支持双向认证。

（4）物联网平台内部进程之间位于同一信任区，通过明文传输。

（5）短信息对等协议（Short Message Peer to Peer，SMPP）与短信中心、邮件服务器之间通过明文传输，但存在信息泄露的风险，建议运营商规划专线传输，确保信息安全。

5.4　终端侧安全

物联网终端设备是物联网安全解决方案最薄弱的环节，特别是由于价格成本和设备大小的限制， NB-IoT 设备（如电表）的软硬件资源受限，无法做到像平台侧一样有防火墙、杀毒、硬件加密等强大的安全防护能力和计算能力，也没有条件确保密钥（如 PSK 或私钥）的存储安全。另外，终端设备用户安全意识相对薄弱（如用户长时间不更新设备密钥等），这导致设备容易被攻击者窃取密钥或以设备为跳板攻击平台。因此物联网平台需要尽可能地为终端安全赋能，为终端设备提供相应的安全能力。

5.4.1　轻量化 DICE 可信技术

DICE 技术是一种轻量级的可信技术，一方面 DICE 通过简单芯片控制指令限制设备对芯片的访问，以保护密钥安全，另一方面 DICE 涉及的密码计算都是高效率的，如私钥签名、哈希算法和高效的非对称算法 ECC25519。因此，DICE 技术适用于价格成本和资源受限的物联网设备。DICE 设备在端侧为用户提供了高安全性的终端设备，避免了设备遭到黑客攻击从而造成用户的经济损失。物联网平台协同一个芯片级别安全的 DICE 设备，实现物联网平台对 DICE 设备启动的远程可信证明。同时，物联网平台通过界面将设备的可信安全状态呈现给安全管理人员，以便安全管理人员对端侧设备安全状态有直观的感知。

在 NB-IoT 芯片生产线上，通过烧写和灌装，可将芯片厂商签名证书和 UDS 预置到芯片中。NB-IoT 设备在启动接入平台时，平台不但可以通过证书方式来证明设备身份的有效性并建立 DTLS 链接，也可以通过设备证书链和预置的哈希基准值远程证明设备软件的完整性。平台根据设备证明结果在界面上展示设备的安全状态，DICE 认证流程如图 5-6 所示。

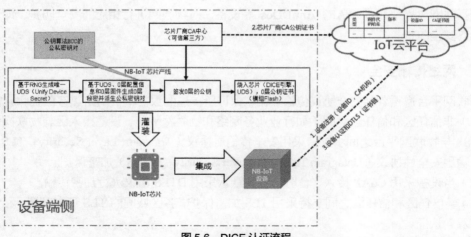

图 5-6　DICE 认证流程

5.4.2　终端设备异常行为检测

物联网终端设备容易被攻击和劫持，通过分析平台记录的终端相关异常信息，可以检测终端是否异常，从而隔离异常终端，避免影响平台安全和业务安全。

端侧异常检测可以识别终端的一些异常行为，包括底层协议异常、基本业务异常和数据异常。底层协议异常包括报文速率过快、畸形报文、多会话攻击等；基本业务异常包括规则触发失败、编解码异常、升级异常、配置更新异常等；数据异常包括上报数据不符合 Profile 定义、上报数据频率异常、上报数据时间异常。

异常处理方案主要包括以下两个部分。

（1）通过采集各个业务模块的日志与数据，分析各业务模块的运行情况，生成各业务模块的统计报表并在 Portal 界面可视化呈现，如图 5-7 所示。管理员可以对异常设备进行不同类型的处置，如升级软件、断链、加入黑名单等。

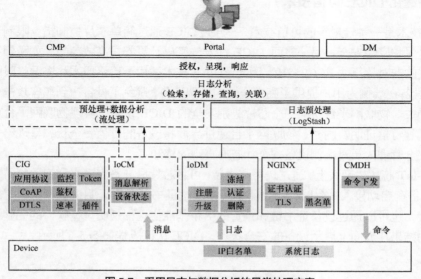

图 5-7　采用日志与数据分析的异常处理方案

（2）将南向设备消息和北向命令信息传输给第三方分析系统 CIP，CIP 进行建模分析，按照设备和设备类型进行画像。如果设备上报数据偏离模型，将生成异常告警信息，其和采用日志与数据分析方案生成的异常信息一起在 Portal 上进行展示，如图 5-8 所示。

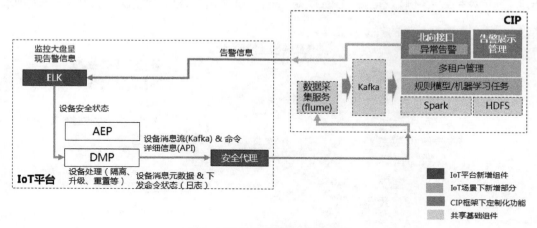

图 5-8　采用 CIP 建模分析的方案

5.5　数据隐私保护

物联网平台要遵循所适用国家的法律或公司的用户隐私政策，并采取足够的措施，以确保用户的个人数据得到充分的保护。

5.5.1　华为隐私保护全流程保护个人数据安全

物联网平台上的个人数据主要包括登录平台的注册账户、物联网设备上报的数据和北向或 Portal 导入的业务数据。华为公司对这些个人数据提供全流程的隐私保护，具体措施如表 5-1 所示。

表 5-1　　　　　　　　　　　　　　　个人数据安全措施

流程	数据安全措施
数据收集	只收集业务处理相关的数据
	在产品手册中声明收集的个人数据
数据存储	每个 SP 用户只能访问自己的数据，并在接入认证和鉴权后才能访问数据
	敏感数据加密存储
	文件和数据库有访问控制，只有合法用户才能访问
数据处理	个人数据匿名化处理后记录日志
	出于维护目的的消息跟踪等涉及个人数据的功能需要得到用户授权或进行匿名化处理，支持隐私策略设置
	在产品手册中声明处理的个人数据
数据传输	数据在跨信任域之间传输，使用安全传输通道
数据销毁	设备数据在系统存储时间内可配置，超出配置时间自动删除
	用户销户之后删除该用户的数据

5.5.2 个人数据处理基本原则

华为云物联网平台按照图 5-9 的个人数据处理基本原则进行个人数据的收集、存储、处理和销毁，满足《通用数据保护条例》（General Data Protection Regulation，GDPR）法规对个人数据处理的要求。

图 5-9　个人数据处理的基本原则

5.5.3 GDPR 关键技术方案

华为云物联网平台遵从 GDPR 要求，提供个人数据清单、删除和老化机制等功能特性来满足数据主体的各项法定权利，支持管理员为个人数据设置合理的存留期，并提供适当的安全措施保障个人数据安全，具体内容如下。

（1）数据主体的"知情"权。

通过华为云隐私政策提供隐私声明。在产品手册中提供详细的个人数据清单，包括系统收集的所有个人数据、收集的目的和默认存留期，帮助数据控制者了解云平台个人数据的使用情况。

（2）数据主体的"更正"权。

管理员可以通过 Portal 更新设备信息，如更新设备的厂商信息、厂商名称和 Profile 信息，新增一个设备类型或变更设备属性。北向接口也提供更新设备信息的接口。

（3）数据主体的"可删除、被遗忘"权。

云平台提供如下个人数据的删除机制。

- 对于设备静态数据，如设备开户数据，Portal 提供删除设备的接口。
- 对于设备动态数据，如设备上报数据，按照管理员配置的存留期进行老化。

（4）合理的个人数据存留期。

云平台提供个人数据存留期可配置的功能，管理员可以在 Portal 上设置个人数据的存留期。

（5）提供适当的安全保护措施。

- 提供个人数据的访问控制机制。Portal 提供基于 RBAC（Role Based Access Control，基于角色的访问控制）的访问控制机制，只有被授权的账号才能访问数据库中的个人数据。操作系统中的文件权限按照最小权限原则设置。

- 对于一些敏感的个人数据（如 GPS 位置信息）进行了加密保存，使用安全的算法和密钥管理机制。

- 数据库支持分租户存储，不同租户的数据存放在不同的逻辑库中，避免越权访问。
- 支持隐私策略配置功能，可以针对不同的应用类型，实施不同的隐私策略。例如，针对隐私敏感度较高的应用，如智能家居，不允许查看设备上报的数据。
- 个人数据在非信任网络传输时，平台提供 HTTPS、SFTP 等安全传输通道，保障个人数据传输安全。
- 提供安全的认证机制，如数字证书、预共享密钥、短信或邮件二次验证机制，防止仿冒人员或设备接入平台。
- 提供基本的 Web 安全防护机制，可以防 XSS 攻击、防 SQL 注入攻击、防 CSRF 攻击等，从而防止上述攻击引起的数据泄露或篡改。
- 提供基本的组网隔离措施，关键的数据库部署在独立的虚拟机中，不同子网之间通过访问控制策略进行限制，从组网上提升整个系统的安全性。

5.6　本章小结

本章首先简要介绍了物联网系统面临的安全问题和华为云物联网平台安全的总体策略，然后分别介绍了平台侧安全、网络侧安全和终端侧安全，最后介绍了数据隐私保护的措施。

【思考题】
1. 物联网系统面临哪些安全问题？
2. 简述华为云物联网平台的总体安全策略。
3. 平台侧安全包括哪几个方面？
4. 个人数据安全措施有哪些？

第6章
华为云物联网平台集成开发基础

06

华为云物联网平台是连接应用和设备的中间层，基于华为云物联网平台的物联网集成开发涉及应用、平台和设备三个方面。本章首先介绍物联网平台集成开发的流程，然后通过实例操作的方式详细介绍设备侧开发、应用侧开发等关键流程。

学习目标

① 了解华为云物联网平台集成开发的 3 个阶段。
② 掌握产品的开发流程。

③ 掌握北向应用和南向设备接入华为云物联网平台的方法。

6.1 业务流程

基于物联网平台实现一个物联网解决方案时，需要完成表 6-1 所示的开发操作。

表 6-1   物联网开发操作及说明

开发操作	开发说明
产品开发	主要开发物联网平台的界面，进行查询与操作，包括产品管理、产品模型开发、插件开发、在线调试等
设备侧开发	主要为设备与物联网平台的集成对接开发，包括设备接入物联网平台、业务数据上报和对平台下发控制命令的处理
应用侧开发	主要为业务应用与物联网平台的集成对接开发，包括 API 接口调用、业务数据获取和 HTTPS 证书管理
日常管理	真实设备接入物联网平台后，基于控制台或者 API 接口对设备进行日常管理

基于物联网平台的物联网解决方案开发流程如图 6-1 所示，主要包括产品开发、应用侧开发、设备侧开发和日常管理。

（1）产品开发：开发者在进行设备接入前，基于控制台进行相应的开发工作，包括创建产品、创建产品模型、编解码插件开发、端侧集成、在线调试、自助测试和发布产品等。其中，自助测试和发布产品暂未上线。

（2）设备侧开发：设备侧可以通过集成 SDK、模组或者原生协议接入物联网平台。

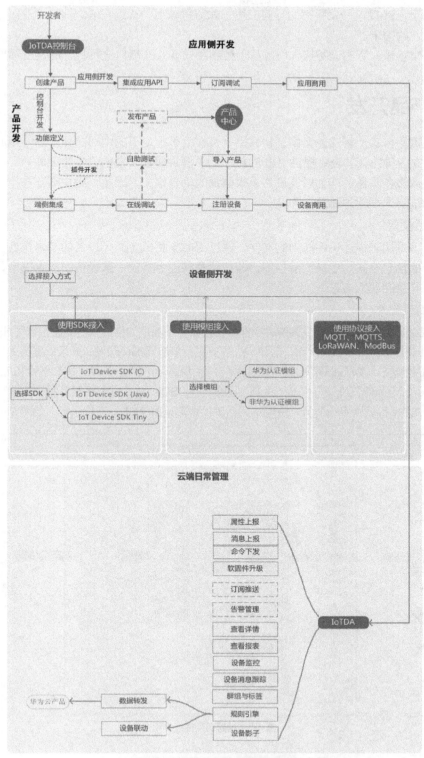

图 6-1　基于物联网平台的物联网解决方案开发流程

（3）应用侧开发：通过 Restful API 的形式对外开放物联网平台丰富的设备管理能力，应用开发人员基于 API 接口开发所需的行业应用，如智慧城市、智慧园区、智慧工业、车联网等，满足不同行业的需求。

（4）日常管理：真实设备接入后，基于控制台或者 API 接口进行日常的设备管理。

6.2 产品开发

在物联网平台集成解决方案中，物联网平台作为承上启下的中间部分，向应用服务器开放 API 接口，向各种协议的设备提供 API 对接。为了提供更加丰富的设备管理能力，物联网平台需要理解接入设备具备的能力以及设备上报数据的消息格式，因此，用户需要在控制台上完成产品模型和编解码插件的开发。

1. 产品模型

产品模型是用来描述设备能力的文件，通过 JSON 格式定义了设备的基本属性、上报数据和下发命令的消息格式。定义产品模型，即在物联网平台构建一款设备的抽象模型，使平台理解该款设备支持的属性信息。

2. 编解码插件

一款产品的设备上报数据时，编解码插件根据设备上报数据的格式来判断是否需要开发。如果设备上报的数据格式为"二进制码流"，则该产品需要进行编解码插件开发；如果数据格式为"JSON"，则该产品不需要进行编解码插件开发。物联网平台调用编解码插件，完成二进制格式和 JSON 格式的相互转换。编解码插件将设备上报的二进制数据解码为 JSON 格式供应用服务器"阅读"，将应用服务器下行的 JSON 格式命令编码为二进制格式数据供终端设备（UE）理解执行，如图 6-2 所示。

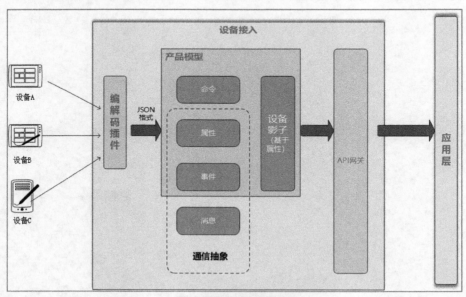

图 6-2　编解码插件的作用

6.2.1 产品开发流程

设备接入控制台提供了一站式开发工具，帮助开发者快速开发产品（产品模型、编解码插件），并进行自助测试，产品开发流程如图 6-3 所示。

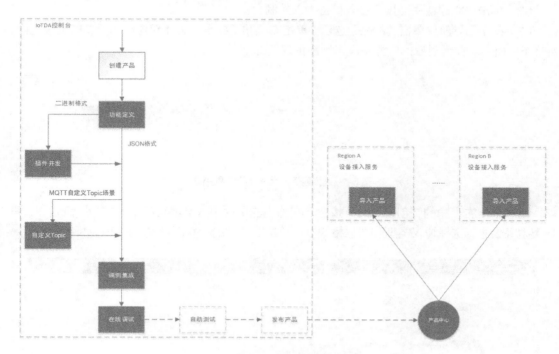

图 6-3　产品开发流程

产品开发的核心步骤如下。

（1）创建产品：称某一类具有相同能力或特征的设备的集合为一款产品。除了设备实体，产品还包含该类设备在物联网能力建设中产生的产品信息、产品模型（Profile）、插件等资源。

（2）功能定义：即开发产品模型，产品开发最重要的就是开发产品模型。产品模型用于描述设备具备的能力和特性。定义产品模型，即在物联网平台构建一款设备的抽象模型，使平台理解该款设备支持的服务、属性、命令等信息。

（3）插件开发：如果设备上报的数据是二进制码流格式，就需要开发对应的插件，用于物联网平台完成二进制码流格式和 JSON 格式的转换；如果设备上报的是 JSON 格式数据，则不需要开发插件。

（4）在线调试：设备接入控制台提供了产品在线调试的功能，用户可以根据自己的业务场景，在开发真实应用和真实设备之前，使用应用模拟器和设备模拟器对数据上报和命令下发等场景进行调试；也可以在真实设备开发完成后使用应用模拟器验证业务流。

（5）自定义 Topic：设备使用 MQTT 协议接入平台时，平台和设备通过 Topic 进行通信。可根据用户需求自定义 Topic，对设备侧消息上报、设备侧消息下发、数据流转等进行个性化的配置，增强消息和数据管理的便利性。

6.2.2　创建产品

创建产品的详细步骤如下。

（1）登录华为云官方网站，依次选择"产品"→"IoT 物联网"→"物联网云服务"→"设备接入"选项。

（2）单击"立即使用"按钮进入设备接入控制台。

（3）在左侧导航栏单击"产品"选项，单击右上角下拉框，选择新建产品所属的资源空间，如图 6-4 所示。如无对应的资源空间，则需创建资源空间。

图 6-4　选择新建产品所属的资源空间

（4）单击右上角的"创建产品"按钮，在弹出的页面中依次填写产品名称、厂商名称、设备类型等信息，选择协议类型和数据格式后，单击右下角的"立即创建"按钮，如图 6-5 所示。

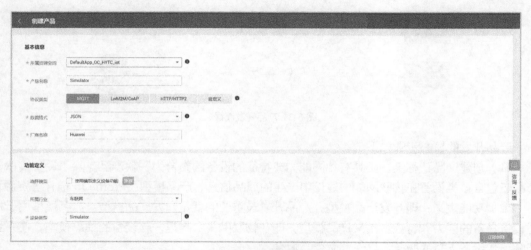

图 6-5　创建产品

- 当数据格式配置为"二进制码流"时，该产品需要进行编解码插件开发，请参考本章 6.4.2 节的相关内容；当数据格式配置为"JSON"时，该产品不需要进行编解码插件开发。

- 使用模型定义设备功能：勾选此复选框，用户可以直接使用系统预置的标准模型和厂商模型。若需要从零自定义构建产品模型，此处不需要勾选。

（5）创建完成后，用户可以在产品列表中删除不再使用的产品，单击"删除"按钮即可。删除产品后，该产品下的产品模型、编解码插件等资源将被清空，请谨慎操作。注意，如果还未使用该产品模型注册设备，则可以删除该产品模型；如果已使用该产品模型注册过设备，则无法删除该产品模型。

6.2.3　创建产品模型

物联网平台提供了离线开发和在线开发两种创建产品模型的方法，用户可以根据自己的需求选择对应的方法创建产品模型。离线开发方法将本地写好的产品模型上传到平台，开发一个新产品；在线开发方法使用系统预置的产品模型，或者从零自定义构建产品模型。本节主要介绍如何在线开发产品模型。

在线创建产品模型前首先需要创建产品。创建产品需要输入产品名称、厂商名称、所属行业、设备类型等信息，产品模型会将这些信息作为设备能力字段取值。物联网平台提供了标准模型和厂商模型，这些模板涉及多个领域。

在创建产品时，用户可以选择系统预置的产品模型，模板中提供了已经编辑好的产品模型文件，用户可以根据自己的需要对产品模型中的字段进行修改和增删；如果选择自定义产品模板，则需要完整地定义产品模型。

下面以包含一个服务的产品模型为例，介绍产品模型的定义方法。该产品模型包含设备上报数据、下发命令、下发命令响应等场景的服务和字段，并支持软固件升级，详细的操作步骤如下。

（1）登录华为云官方网站，访问设备接入服务。

（2）单击"立即使用"按钮，进入"设备接入"控制台。

（3）在左侧导航栏，选择"产品"选项，在产品列表中选择相应的产品，单击"详情"按钮，如图 6-6 所示。

图 6-6　查看产品详情

在产品详情的"功能定义"页面，单击"自定义功能"按钮，配置产品的服务，如图 6-7 所示。

图 6-7　通过自定义功能配置产品的服务

（4）填写服务名称，也就是 serviceID，采用首字母大写的命名方式，如 WaterMeter、StreetLight 等；填写服务描述，如"路灯上报的环境光强度和路灯开关状态的属性"，然后单击"确认"按钮，如图 6-8 所示。

图 6-8　新增服务

（5）在添加服务区域对属性和命令进行定义。每个服务可以包含属性和命令，也可以只包含其中之一，请根据此类设备的实际情况进行配置。

（6）在"属性/命令列表"单击"添加属性"按钮，在弹出的对话框中配置属性的各项参数，单击"确认"按钮，如图 6-9 所示。

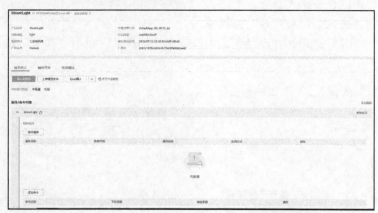

图 6-9　新增属性

新增属性配置的详细说明如下。

① 属性名称：首位必须为字母，建议采用驼峰形式，如 batteryLevel、internalTemperature。

② 必选：指设备上报的这个属性是不是必选。

③ 数据类型的配置可参考以下原则。

- int：当上报的数据为整数或布尔值时，可以配置为此类型。

- decimal：当上报的数据为小数时，可以配置为此类型。配置"经纬度"属性时，数据类型建议使用 decimal。

- string：当上报的数据为字符串、枚举值或布尔值时，可以配置为此类型。如果为枚举值或布尔值，值之间需要用英文逗号分隔。

- DateTime：当上报的数据为日期时，可以配置为此类型。

- jsonObject：当上报的数据为 JSON 结构体时，可以配置为此类型。

④ 访问权限设置应用服务器通过接口访问数据的模式。

- 可读：通过接口可以查询该属性。

- 可写：通过接口可以修改该属性值。

- 可执行：应用服务器订阅了数据变化通知后，当设备上报了属性，应用服务器会收到推送通知。

（7）单击"添加命令"按钮，在弹出的对话框中配置命令名称。"命令名称"的首位必须为字母，建议采用全大写形式，单词间用下划线连接，如 DISCOVERY、CHANGE_STATUS。

① 单击"新增输入参数"按钮，在弹出的对话框中配置下发命令字段的各项参数，单击"确认"按钮。其中，"参数名称"的首位必须为字母，建议采用第一个单词首字母小写，其余单词的首字母大写的命名方式，如 valueChange；其余参数请根据此类设备的实际情况进行配置，如图 6-10 所示。

图 6-10　配置下发命令字段各项参数

② 如果要添加命令响应，单击"新增输出参数"按钮，在弹出的对话框中配置响应命令字段的各项参数，单击"确认"按钮。其中，"参数名称"的首位必须为字母，建议采用第一个单词首字母小写，其余单词的首字母大写的命名方式，如 valueResult；其余参数请根据此类设备的实际情况进行配置，如图 6-11 所示。

图 6-11　配置响应命令字段各项参数

（8）如果要添加软/固件升级能力，在"维护能力配置"对话框中，勾选"支持软件升级""支持固件升级"复选框，如图 6-12 所示。

图 6-12　维护能力配置

6.2.4　开发编解码插件

1. 基本原理

一款产品的设备上报数据时，如果数据格式为"二进制码流"，则该产品需要进行编解码插件开发；如果数据格式为"JSON"，则该产品不需要进行编解码插件开发。

以 NB-IoT 场景为例，NB-IoT 设备和物联网平台之间采用 CoAP 通信，CoAP 消息的 payload 为应用层数据，应用层数据的格式由设备自行定义。由于 NB-IoT 设备对能耗要求较高，所以应用层数据一般不采用流行的 JSON 格式，而是采用二进制码流格式。但是，物联网平台与应用侧之间则使用 JSON 格式进行通信，因此，需要开发编码插件供物联网平台调用，以完成二进制码流格式和 JSON 格式的转换。NB-IoT 场景下编解码插件的作用如图 6-13 所示。

对于设备发来的上行消息，首先解析 CoAP 报文得到应用层数据，然后调用设备厂商提供的插件解码，从而将消息发送到应用平台；对于来自应用平台的下行消息，需要调用设备厂商提供的插件解码，组装 CoAP 消息发送到设备，如图 6-14 所示。此外编解码插件还负责对平台下发命令和对上报数据的响应进行编码。

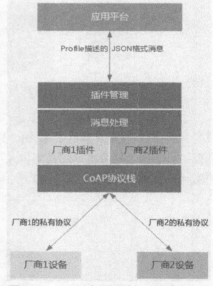

图 6-13　NB-IoT 场景下编解码插件的作用

图 6-14　对上下行消息的解码操作

消息处理流程包括数据上报处理流程和命令下发处理流程，数据上报处理流程如图 6-15 所示，命令下发处理流程如图 6-16 所示。

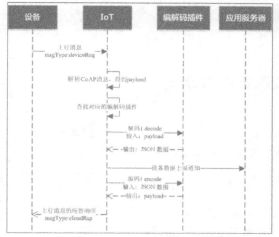

图 6-15　数据上报处理流程

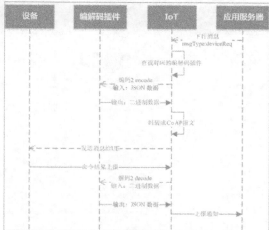

图 6-16　命令下发处理流程

（1）在数据上报处理流程中，有两处需要用到编解码插件。

① 将设备上报的二进制码流格式的数据解码成 JSON 格式的数据，发送给应用服务器。

② 将应用服务器响应的 JSON 格式数据编码成二进制码流格式的数据，下发给设备。

（2）在命令下发处理流程中，有两处需要用到编解码插件。

① 将应用服务器下发的 JSON 格式数据编码成二进制码流格式的数据，下发给设备。

② 将设备响应的二进制码流格式的数据解码成 JSON 格式的数据，上报给应用服务器。

2.　在线开发编解码插件

编解码插件的开发方法有图形化开发、离线开发和脚本化开发。图形化开发是指设备接入控制台，通过可视化的方式快速开发一款产品的编解码插件。离线开发是指使用编解码插件的 Java 代码 Demo 进行二次开发，实现编解码功能、完成插件打包和质检等。推荐使用图形化开发方式开发编解码插件。

在线开发编解码插件的操作步骤如下。

（1）在产品开发空间单击"插件开发"选项卡，在"图形化开发"页面，单击"图形化开发"按钮，如图 6-17 所示。

（2）在"图形化开发"页面单击"新增消息"按钮，系统将弹出"新建消息"对话框，填写消息名，消息类型选择"数据上报"，单击"完成"按钮。其中，消息名只能输入包含字母、数字、_和$，且不以数字开头的字符。

设备在上报数据后，如果需要物联网平台返回 ACK 响应消息，则需要勾选"添加响应字段"复选框。ACK 响应消息携带的数据可以在"响应数据"中配置，默认携带"AAAA0000"。

（3）单击数据上报字段后的"+"按钮。系统将弹出"添加字段"对话框，勾选"标记为地址域"复选框，其余参数将自动填充，单击"完成"按钮，如图 6-18 所示。

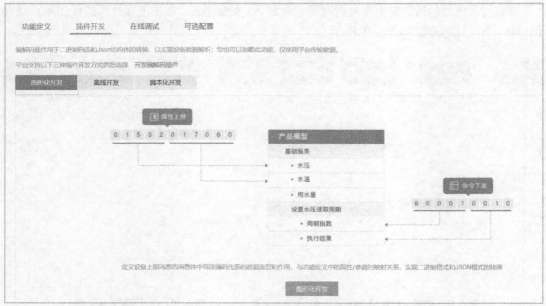

图6-17 图形化开发编解码插件

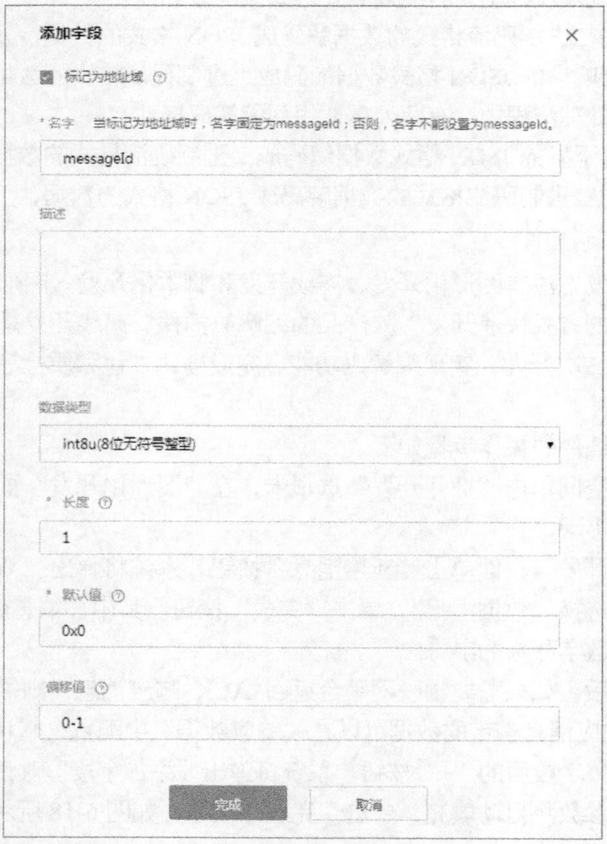

添加字段   ×

☑ 标记为地址域 ⑦

* 名字　　当标记为地址域时，名字固定为messageId；否则，名字不能设置为messageId。

messageId

描述

数据类型

int8u(8位无符号整型)   ▼

* 长度 ⑦

1

* 默认值 ⑦

0x0

偏移值 ⑦

0-1

完成　　　　　取消

图6-18 添加字段

当有相同类型的消息时（如两种数据上报的消息），则需要添加地址域字段。命令响应消息可看作一种数据上报消息，因此如果存在命令响应消息，则需要在数据上报消息中添加地址域。

（4）单击数据上报字段后的"+"按钮，系统将弹出"添加字段"对话框，完成各项参数配置后，单击"完成"按钮。其中，字段名字只能输入包含字母、数字、_和\$，且不以数字开头的字符。数据类型根据设备上报数据的实际情况进行配置，需要与 Profile 相应字段的定义相匹配。

（5）在"在线编解码插件编辑器"区域，单击"新增消息"按钮。

（6）系统将弹出"新增消息"对话框，填写消息名，消息类型选择"命令下发"，单击"完成"按钮。其中，消息名只能输入包含字母、数字、_和\$，且不以数字开头的字符。

设备在接到命令后，如果需要返回命令执行结果，则需要勾选"添加响应字段"复选框，并做以下操作。

① 在数据上报消息和命令响应消息中均定义地址域字段，并且该字段在两种消息的字段列表中的位置必须相同，使编解码插件可以对数据上报消息和命令响应消息进行区分。

② 在命令下发消息和命令响应消息中定义响应标识字段，并且该字段在两种消息的字段列表中的位置必须相同，使编解码插件可以将命令下发消息和对应的命令响应消息进行关联。

（7）单击命令下发字段后的"+"按钮，系统将弹出"添加字段"对话框，勾选"标记为地址域"复选框，其余参数将自动填充，单击"完成"按钮。

当有相同类型的消息时（如两种命令下发的消息），需要添加地址域字段。数据上报响应消息可看作一种命令下发消息，因此如果存在数据上报响应消息，则需要在命令下发消息中添加地址域。

（8）单击命令下发字段后的"+"按钮，系统将弹出"添加字段"对话框，勾选"标记为响应标识字段"复选框，其余参数将自动填充，单击"完成"按钮。

（9）单击命令下发字段后的"+"按钮，系统将弹出"添加字段"对话框，完成各项参数配置后，单击"完成"按钮。

（10）单击响应字段后的"+"按钮，系统将弹出"添加字段"对话框，勾选"标记为地址域"复选框，其余参数将自动填充，单击"完成"按钮。

（11）单击响应字段后的"+"按钮，系统将弹出"添加字段"对话框，勾选"标记为响应标识字段"复选框，其余参数将自动填充，单击"完成"按钮。

（12）单击响应字段后的"+"按钮，系统将弹出"添加字段"对话框，勾选"标记为命令执行状态字段"复选框，完成各项参数配置后，单击"完成"按钮。

（13）单击响应字段后的"+"按钮，系统将弹出"添加字段"对话框，完成各项参数配置后，单击"完成"按钮。

（14）拖动右侧"设备模型"区域的属性字段、命令字段和响应字段，使它们分别与数据上报消息、命令下发消息和命令响应消息的相应字段建立映射关系，如图 6-19 和图 6-20 所示。

（15）单击"保存"按钮，并在插件保存成功后单击"部署"按钮，将编解码插件部署到物联网平台。

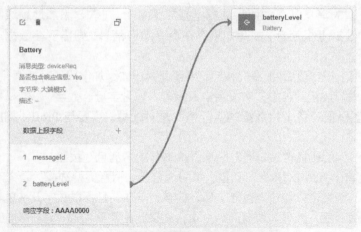

图 6-19　与数据上报消息的相应字段建立映射关系

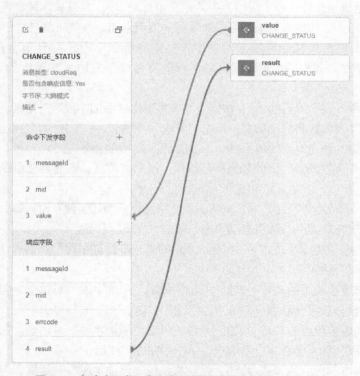

图 6-20　与命令下发和命令响应消息的相应字段建立映射关系

6.2.5　在线调试

当产品模型和编解码插件开发完成后，应用服务器就可以通过物联网平台接收设备上报的数据以及向设备下发命令了。

设备接入控制台提供了产品在线调试的功能，用户可以根据自己的业务场景，在开发真实应用和真实设备之前，使用应用模拟器和设备模拟器对数据上报和命令下发等场景进行调试，也可以在真实设备开发完成后使用应用模拟器验证业务流。

1.　使用模拟设备调试产品

当设备侧开发和应用侧开发均未完成时，开发者可以创建模拟设备，使用应用模拟器和设备模拟器对产品模型、插件等进行调测。

（1）在产品开发空间，选择"在线调试"选项卡，并单击"新增测试设备"按钮，如图 6-21 所示。

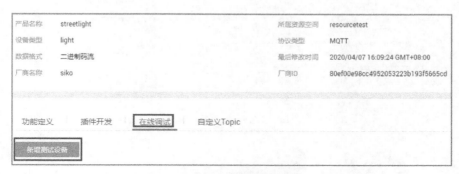

图 6-21　新增测试设备

（2）在弹出的"新增测试设备"对话框中选择"虚拟设备"选项，单击"确定"按钮，创建一个虚拟设备，如图 6-22 所示。虚拟设备名称包含 "Simulator" 字样，每款产品下只能创建一个虚拟设备。

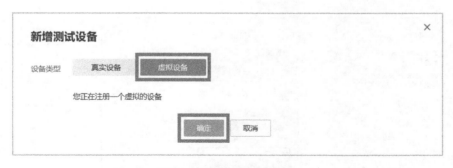

图 6-22　新增模拟测试设备

（3）在设备列表中，选择新创建的虚拟设备，单击右侧的"调试"按钮，如图 6-23 所示，进入调试界面。

图 6-23　对虚拟设备进行调试

（4）在"设备模拟器"区域，输入十六进制码流或者 JSON 数据（以十六进制码流为例），单击"发送"按钮，在"应用模拟器"区域可以查看数据上报的结果，在消息跟踪区域可以查看物联网平台的处理日志，如图 6-24 所示。

图 6-24　模拟数据上报

（5）在"应用模拟器"区域进行命令下发，在"设备模拟器"区域查看接收到的命令（以十六进制码流为例），在"消息跟踪"区域查看物联网平台处理日志，如图 6-25 所示。

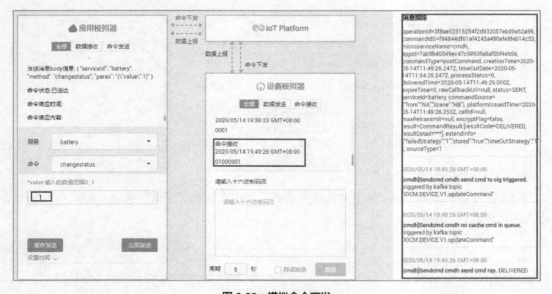

图 6-25　模拟命令下发

2. 使用真实设备调试产品

当设备侧开发已经完成，但应用侧开发还未完成时，用户可以创建真实设备，使用应用模拟器对设备、产品模型、插件等进行调试。真实设备调试界面的结构如图 6-26 所示。

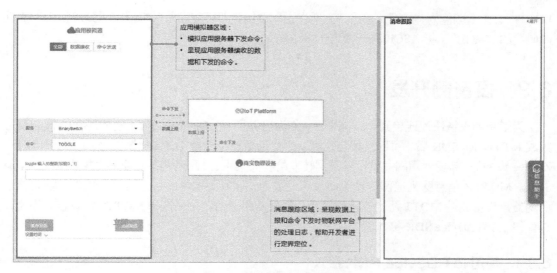

图 6-26　真实设备调试界面的结构

（1）在产品的开发空间选择"在线调试"选项卡，并单击"新增测试设备"按钮，使用真实设备进行调试。如果新添加的设备处于未激活状态，此时不能进行在线调试，需要通过连接鉴权，待设备接入平台后再进行调测。

（2）在弹出的对话框中输入测试设备的参数，设备名称和设备标识码须填写注册设备时输入的参数，如图 6-27 所示。

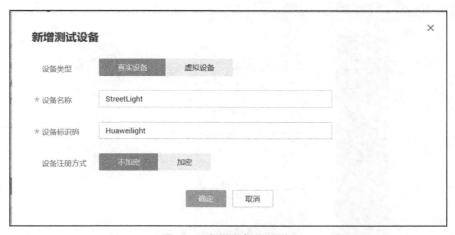

图 6-27　新增真实测试设备

需要注意，使用 DTLS 协议接入时，设备注册方式请选择"加密"，并妥善保存 PSK 码。

（3）单击"调试"按钮，进入调试界面。

（4）模拟设备数据上报场景，假设上报路灯采集的光照强度为 20，路灯开关状态为 0（关闭），则在设备模拟器中，输入十六进制码流 1400（光照强度消息为第一个字节，对应的十六进制码流为 14；路灯开关状态为第二个字节，对应的十六进制码流为 00），然后单击"发送"按钮，即可在应用模拟器中看到转换成 JSON 格式的数据为："Light_Intensity": 20, "Light_Status": 0。

（5）模拟远程下发控制命令场景，在应用模拟器中，选择服务"StreetLight"、命令"SWITCH_

LIGHT"、命令取值为"ON",单击"立即发送"按钮,即可在设备模拟器中看到转换为十六进制码流的"4F4E"(将 ASCII 码转换为十六进制)。

6.3 设备侧开发

为了帮助设备快速连接到物联网平台,华为提供了 IoT Device SDK。支持 TCP/IP 栈的设备集成 IoT Device SDK 后,可以直接与物联网平台通信;不支持 TCP/IP 栈的设备(如蓝牙设备、ZigBee 设备等)需要利用网关将设备数据转发给物联网平台,此时网关需要事先集成 IoT Device SDK。MQTT(信息队列遥测传输)协议已经成为物联网通信中的首选协议,华为云物联网平台均支持设备通过 MQTT 协议连接到平台,实现网络通信。如果选择 MQTTS 协议接入平台,建议使用 IoT Device SDK 接入。

6.3.1 使用 IoT Device SDK 接入

设备使用 IoT Device SDK 接入华为云物联网平台的业务流程如下。

(1)设备接入前,需要创建产品,可通过控制台创建产品或者调用应用侧 API 接口创建产品。

(2)产品创建完毕后,需要注册设备,可通过控制台注册单个设备或者使用应用侧 API 接口注册设备。

(3)设备注册完毕后,按照图 6-28 所示流程实现数据上报、接收命令/属性/消息、OTA 升级、自定义 Topic、泛协议接入等功能。

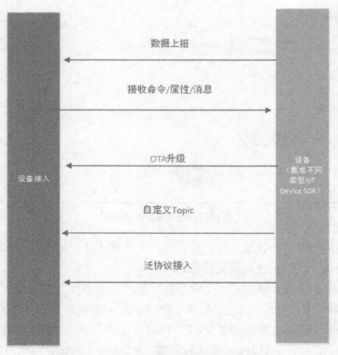

图 6-28 使用 IoT Device SDK 接入的业务流程

华为云物联网平台提供了两种类型的 SDK，它们的集成场景和特点如表 6-2 所示。

表 6-2　　　　　　　　　　　两种类型 SDK 的集成场景和特点

SDK 类型	SDK 集成场景	SDK 的特点
IoT Device SDK	面向运算、存储能力较强的嵌入式设备，如网关、采集器等	支持 HTTP、MQTT 协议； 支持设备绑定、设备登录、设备数据上报； 支持子设备增、删、改（即更新子设备状态）； 支持子设备数据上报； 支持命令接收； 支持 Java、C 语言； 陆续将支持 Android、Node.js、Python、iOS
IoT Device SDK Tiny	面向对功耗、存储、计算资源有苛刻限制的终端设备，如单片机、模组	支持 MQTT，提供轻量级 CoAP，支持重传机制； 支持 LWM2M 标准对象和所有资源； 提供 DTLS/TLS 安全传输协议； 支持 FOTA、SOTA； 提供 Bootstrap 功能，支持 Client、Server、Factory 三种模式； 支持 C 语言

两种类型 SDK 对接入设备的硬件要求如表 6-3 所示。

表 6-3　　　　　　　　　　两种类型 SDK 对接入设备的硬件要求

SDK 类型	RAM 容量	Flash 容量	CPU 频率	操作系统类型	开发语言
IoT Device SDK	> 4MB	> 2MB	> 200MHz	C 语言版（Linux）、Java 版（Linux/Windows）	C、Java
IoT Device SDK Tiny	> 32KB	> 128KB	> 100MHz	无特殊要求	C

6.3.2　使用 MQTTS/MQTT 协议接入

1. MQTTS/MQTT 协议介绍

MQTTS 协议是一种基于 TLS 的安全的加密协议。采用 MQTTS 协议接入平台的设备，在设备与物联网平台之间的通信过程中，数据都是加密的，具有一定的安全性，其通信原理如图 6-29 所示。MQTT 协议主要应用于计算能力有限，且工作在低带宽、不可靠网络的远程传感器和控制设备，适合长连接的场景（如智慧路灯等）。

采用 MQTT 协议接入物联网平台的设备，设备与物联网平台之间的通信过程中的数据没有加密，因此建议使用 MQTTS 协议。如果选择 MQTTS 协议接入平台，建议使用 IoT Device SDK 接入。

（1）设备接入前，需要创建产品，可通过控制台创建或者使用应用侧 API 创建产品。

（2）产品创建完毕后，需要注册设备，可通过控制台注册单个设备或者使用应用侧 API 注册设备。

（3）设备注册完毕后，按照图 6-30 所示流程实现数据上报、接收命令/属性/消息、OTA 升级、自定义 Topic 等功能。

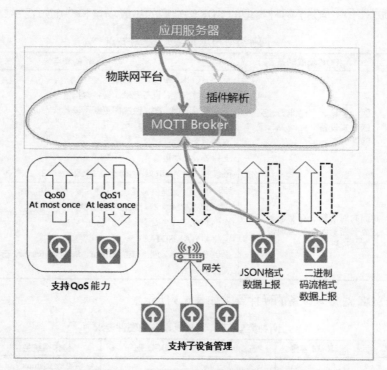

图 6-29　采用 MQTTS 协议接入的设备与物联网平台的通信原理

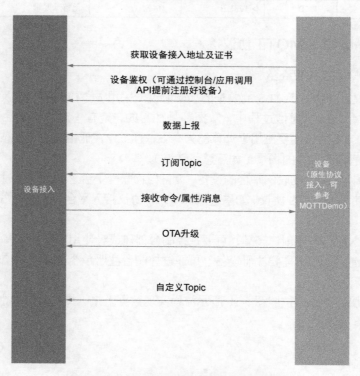

图 6-30　使用 MQTTS/MQTT 协议接入的业务流程

华为云物联网平台支持的 MQTT 协议的使用限制如表 6-4 所示。

表 6-4　　　　　　　　华为云物联网平台支持的 MQTT 协议使用限制

平台支持的内容	使用限制
支持的 MQTT 协议版本	3.1.1
与标准 MQTT 协议的区别	• 支持 QoS0 和 QoS1； • 支持 Topic 自定义； • 不支持 QoS2； • 不支持 will、retain msg
MQTTS 协议支持的安全等级	采用 TCP 通道基础+TLS 协议（TLSV1、TLSV1.1 和 TLSV1.2 版本）
单账号每秒最大 MQTT 连接请求数	无限制
单个设备每分钟支持的最大 MQTT 连接数	1
单个 MQTT 协议连接每秒的吞吐量，即带宽，包含直连设备和网关	3KB/s
单个 MQTT 协议发布消息最大长度，超过此大小的发布请求将被直接拒绝	1MB
MQTT 协议连接心跳时间建议值	心跳时间限定为 30～1 200s，推荐设置为 120s
产品是否支持自定义 Topic	不支持
消息发布与订阅	设备只能对自己的 Topic 进行消息发布与订阅
每个订阅请求的最大订阅数	无限制

2. 使用 MQTTS/MQTT 协议接入

下面以 Java 语言为例，讲解设备如何通过 MQTTS/MQTT 协议接入平台，通过平台接口实现数据上报、命令下发等功能。在设备接入之前需要先安装 IntelliJ IDEA 开发工具，在控制台获取设备接入地址并在控制台创建产品和设备。

（1）安装 IntelliJ IDEA

访问 IntelliJ IDEA 的官网，选择适合系统的版本下载并安装，这里以 Windows 64-bit 系统 IntelliJ IDEA 2019.2.3 Ultimate 为例。

（2）创建产品模型并添加设备

① 登录设备接入服务控制台，查看 MQTT 设备接入地址，保存该地址，如图 6-31 所示。

图 6-31　查看 MQTT 设备接入地址

② 选择"产品"选项，单击右上角下拉框，选择新建产品所属的资源空间，如图 6-32 所示。

图 6-32　选择新建产品所属的资源空间

③ 单击右上角的"创建产品"按钮，创建一个基于 MQTT 协议的产品，填写参数后，单击"立即创建"按钮，如图 6-33 所示。

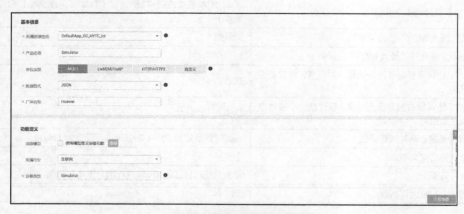

图 6-33　填写产品的详细参数

④ 依次单击"设备"→"所有设备"选项，在"设备列表"页面单击"注册设备"选项，填写完参数后，单击"确定"按钮，如图 6-34 所示。

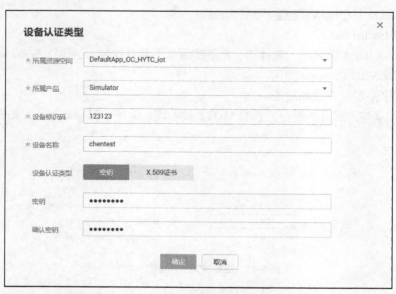

图 6-34　注册设备

⑤ 设备注册成功后，妥善保管好设备 ID 和设备密钥，用于激活添加的设备。

（3）导入代码样例

① 下载本书配套代码中的 Java 样例 quickStart(Java).zip，并解压缩。

② 打开 IDEA 开发者工具，单击"Import Project"按钮，如图 6-35 所示。

图 6-35　单击"Import Project"按钮导入项目

③ 选择步骤①中的样例，然后按照图 6-36 所示的提示进行配置，单击"Next"按钮。

④ 按照图 6-37 完成项目代码的导入。

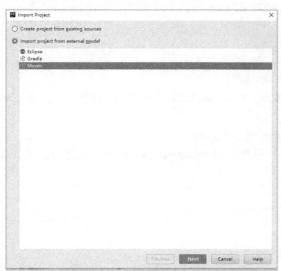

图 6-36　选择样例进行代码导入

图 6-37　选择代码导入

（4）建立连接

设备或网关在接入物联网平台时首先需要与平台建立连接，从而将设备或网关与平台进行关联。开发者通过传入设备信息，将设备或网关连接到物联网平台。

① 在建立连接之前，先修改以下参数。

```
//IoT 平台 MQTT 对接地址
static String serverIp = "iot-mqtts.cn-north-4.myhuaweicloud.com";
```

```
//注册设备时获得的 Device ID 与密钥（要替换为自己注册的设备 ID 与密钥）
static String deviceId = "722cb****************";
static String secret = "123456789";
```

serverIp 为物联网平台的设备对接地址，这里的设备对接地址是域名信息，可通过在 CMD 命令框中执行"ping 域名"获取 IP 地址；deviceId 和 secret 为设备 ID 和密钥，在成功注册设备后获取。

② 修改完以上参数后就可以使用 MQTT Client 建立连接了。MQTT 连接心跳时间的建议值是 120s，有使用限制。

```
MqttConnectOptions options = new MqttConnectOptions();
options.setCleanSession(false);
options.setKeepAliveInterval(120);   //心跳时间限定为 30～1200s
options.setConnectionTimeout(5000);
options.setAutomaticReconnect(true);
options.setUserName(deviceId);
options.setPassword(getPassword().toCharArray());
client = new MqttAsyncClient(url, getClientId());
client.setCallback(callback);
```

1883 是 MQTT 非安全加密接入端口，8883 是 MQTTS 安全加密接入端口（使用 SSL 加载证书）。

```
if (isSSL) {
    url = "ssl://" + serverIp + ":" + 8883; //MQTTS 连接
} else {
    url = "tcp://" + serverIp + ":" + 1883; //MQTT 连接
}
```

如果要建立 MQTTS 连接，需要加载服务器端 SSL 证书，需要添加 SocketFactory 参数。DigiCertGlobalRootCA.jks 位于 Demo 的 resources 目录下，是设备校验平台身份的证书，用于设备侧接入物联网平台登录鉴权，可以在资源中获取。

```
options.setSocketFactory(getOptionSocketFactory(MqttDemo.class.getClassLoader().
getResource("DigiCertGlobalRootCA.jks").getPath()));
```

③ 调用 client.connect(options, null, new IMqttActionListener())发起连接。连接时，需要向函数传入 MqttConnectOptions 连接参数。

```
client.connect(options,null,new IMqttActionListener())
```

④ 在创建 MqttConnectOptions 连接参数时，调用 options.setPassword()传入的密码会进行加密。getPassword()表示获取加密后的密钥。

```
public static String getPassword() {
    return sha256_mac(secret, getTimeStamp());
}
/* 调用 sha256 算法进行哈希 */
public static String sha256_mac(String message, String tStamp) {
    String passWord = null;
    try {
        Mac sha256_HMAC = Mac.getInstance("HmacSHA256");
        SecretKeySpec secret_key = new SecretKeySpec(tStamp.getBytes(), "HmacSHA256");
        sha256_HMAC.init(secret_key);byte[] bytes = sha256_HMAC.doFinal(message.getBytes());
        passWord = byteArrayToHexString(bytes);
    }catch (Exception e) {
        LOGGER.info("Error HmacSHA256 ===========" + e.getMessage());
    }
    return passWord;
```

（5）订阅接收命令

订阅某 Topic 的设备才能接收 Broker 发布的关于该 Topic 的消息。

```
//订阅接收命令
client.subscribe(getCmdRequestTopic(), qosLevel, null, new IMqttActionListener();
getCmdRequestTopic()获取接收命令的 Topic,向平台订阅该 Topic 的命令。
public static String getCmdRequestTopic() {
    return "$oc/devices/" + deviceId + "/sys/commands/#";
}
```

（6）属性上报

属性上报是指设备主动向平台上报自己的属性。

```
//上报 JSON 数据,注意 Service ID 要与产品模型中的定义对应
String jsonMsg = "{\"services\": [{\"service_id\": \"Temperature\",\"properties\":
{\"value\": 57}},{\"service_id\": \"Battery\",\"properties\": {\"level\": 80}}]}";
    MqttMessage message = new MqttMessage(jsonMsg.getBytes());
    client.publish(getRreportTopic(), message, qosLevel, new IMqttActionListener();
```

消息体 jsonMsg 的组装格式为 JSON,其中 service_id 要与产品模型中的定义对应,properties 是设备的属性,57 为对应的属性值。event_time 为可选项,为设备采集数据 UTC 时间,不填写则默认使用系统时间。

设备或网关成功连接到物联网平台后,即可调用 MqttClient.publish(String topic,MqttMessage message)向平台上报设备属性值。getRreportTopic()表示获取上报数据的 Topic。

```
public static String getRreportTopic() {
    return "$oc/devices/" + deviceId + "/sys/properties/report";
}
```

（7）查看上报数据

运行 main 方法成功启动后,即可在设备详情页面查看上报的设备属性数据,如图 6-38 所示。

图 6-38　查看上报的设备属性数据

6.4 应用侧开发

为了降低应用侧的开发难度、提升应用侧开发效率，华为云物联网平台向应用侧开放了丰富的 RESTful API。用户可以调用开放的 API 快速集成物联网平台的功能，如产品管理、设备管理、订阅管理、设备命令、规则管理等功能。本节首先介绍应用侧开发流程和 RESTful API 的分组及说明，然后基于调用 API 接口的 Java 代码样例详细讲解应用侧开发。

6.4.1 基本原理

应用侧可通过 IAM 服务鉴权获取 Token。应用侧可实现产品管理、设备管理、下发命令/属性/消息、订阅、接收推送消息等功能。应用 API 调用流程如图 6-39 所示。

图 6-39 应用 API 调用流程

RESTful API 可分为订阅管理、标签管理、批量任务、设备 CA 证书管理、设备组管理、设备消息、产品管理、设备管理、设备影子、设备命令、设备属性、规则管理等。RESTful API 的分组及说明如表 6-5 所示。

表 6-5   RESTful API 的分组及说明

API 分组	API 说明
订阅管理	订阅管理为应用服务器提供对物联网平台资源的订阅功能，若订阅的资源发生变化，平台会通知应用服务器
标签管理	标签可用于对资源进行分类，标签管理为应用服务器提供对各类资源的标签绑定和解绑功能。当前支持标签的资源有 Device（设备）
批量任务	批量任务为应用服务器提供批量处理功能，对接入物联网平台的设备进行批量操作。目前提供批量软件件升级能力。当前单用户单一任务类型的未完成任务最多为 10 个，如果超过则无法创建新的任务
设备 CA 证书管理	设备 CA 证书管理为应用服务器提供对设备 CA 证书的操作管理功能，包括对设备 CA 证书进行上传、验证、查询等操作。物联网平台支持使用证书进行设备接入认证
设备组管理	设备组管理为应用服务器提供对设备组的管理操作功能，包括对设备组信息和设备组设备的操作

续表

API 分组	API 说明
设备消息	设备消息为应用服务器提供向设备透传消息的功能
产品管理	产品模型定义了该产品下所有设备具备的能力或特征，产品管理为应用服务器提供对已导入物联网平台中产品模型的操作管理功能
设备管理	设备管理为应用服务器提供对设备的操作管理功能，包括对设备基本信息和设备数据的操作
设备影子	设备影子是一个 JSON 文件，用于存储设备的在线状态、设备最近一次上报的设备属性值和应用服务器期望下发的配置。每个设备有且只有一个设备影子，设备可以通过获取和设置设备影子来同步设备属性值，这个同步可以是影子同步给设备，也可以是设备同步给影子
设备命令	设备的产品模型中定义了物联网平台可向设备下发的命令，设备命令为应用服务器提供的向设备下发命令的功能，实现对设备的控制操作
设备属性	设备的产品模型中定义了物联网平台可向设备下发的属性，设备属性为应用服务器的提供向设备下发属性的功能
规则管理	规则管理为应用服务器提供物联网平台的规则引擎功能，通过设置规则实现业务的联动变化。规则引擎包含触发源、条件、动作三部分。规则引擎接收触发源事件，满足规则配置的条件后触发相应动作。 ● 触发源：表示触发规则的事件源，当前支持的触发源有设备数据上报和时间。 ● 条件：表示规则触发依赖的相关条件，支持多个条件组合。当前支持的条件数据源有设备数据、定时任务、设备状态、设备周期。 ● 动作：表示当条件成立后，需执行的动作，支持多个动作组合。当前支持的动作有设备命令下发、上报告警、发送 SMN 消息、转发 DIS 服务消息、转发 OBS 服务消息、转发 ROMA 服务消息、转发 IOTA 服务消息

6.4.2　开发详解

本节基于调用 API 接口的 Java 代码样例详细讲解应用侧开发。

1. 准备 Java 开发环境

首先以 Windows 操作系统为例，介绍安装 JDK1.8 及 Eclipse 的方法，如果用户使用其他开发环境，则需根据自己的需要完成部署。

（1）下载 JDK1.8（如 jdk-8u161-windows-x64.exe），双击进行安装。

（2）配置 Java 环境变量。

① 右键单击"计算机"图标，选择"属性"命令，如图 6-40 所示。

② 单击图 6-41 中的"高级系统设置"选项。

图 6-40　查看计算机的属性

图 6-41　查看"高级系统设置"

③ 单击图 6-42 中的"环境变量"按钮。

④ 配置图 6-43 中的系统变量。需配置 3 个变量：JAVA_HOME、Path、CLASSPATH（不

区分大小写）。若变量名已经存在，则单击"编辑"按钮；若变量名不存在，则单击"新建"按钮。一般情况下 Path 变量已存在，JAVA_HOME 变量和 CLASSPATH 变量需要新增。

图 6-42　单击"环境变量"按钮

图 6-43　配置系统变量

JAVA_HOME 为 JDK 的安装路径，配置示例：C:\ProgramFiles\Java\jdk1.8.0_45，如图 6-44 所示。此路径下包括 lib、bin 等文件夹。

使用 Path 变量后，系统可以在任何路径下识别 Java 命令。如果 Path 变量已经存在，则需在变量值的最后添加路径，配置示例：C:\Program Files\Java\jdk1.8.0_45\bin;C:\Program Files\Java\jdk1.8.0_45\jre\bin。两个路径之间需要使用";"分隔，如图 6-45 所示。

图 6-44　JAVA_HOME 环境变量

图 6-45　Path 环境变量

CLASSPATH 为 Java 加载类（class 或 lib）路径，只有配置了 CLASSPATH，Java 命令才能被识别。配置示例：.;%JAVA_HOME%\lib\dt.jar;%JAVA_HOME%\lib\tools.jar，如图 6-46 所示。如果路径以"."开始，则表示当前路径。

⑤ 选择"开始"→"运行"选项，输入"cmd"，执行命令"java -version"。如果出现类似图 6-47 所示的界面，则说明命令可以执行，环境变量配置成功。

图 6-46　CLASSPATH 环境变量

图 6-47　在命令行查看 Java 版本

⑥ 在 IntelliJ IDEA 官方网站下载 IntelliJ IDEA 安装包，安装到本地。

2. 导入 Demo 工程

（1）下载本书配套代码中的 Java 语言接口调用样例 javaApiDemo.zip，解压缩。

（2）在 IntelliJ IDEA 界面中选择"Import Project"选项，选中解压 Demo 文件夹中的 pom.xml，导入项目，如图 6-48 所示。

（3）设置本地的 maven 仓库，依次选择"file"→"setting"→"Build"→"build Tools"→"maven"选项，将"user setting file"修改为 maven 的 settings.xml 文件路径，Local Repository 设置为 maven 本地仓库地址路径。

3. 引入 jar 包

下面介绍引入 jar 包的两种方式。

方式 1：将 jar 包添加到 lib 目录。

单击 IntelliJ IDEA 的"Project Structure"按钮，进入"Project Structure"界面，单击右侧"+"号，选择添加"Jras or directories"，选择 javaApiDemo 的 resources 目录，将 resources 下的 jar 包添加到 lib 目录即可使用，如图 6-49 所示。

图 6-48　导入工程

图 6-49　将 jar 包添加到 lib 目录

方式 2：直接使用 maven 仓库引入 jar 包。

javaApiDemo 中 java-sdk-core 的 jar 包是华为自研的 jar 包，该 jar 包的功能是用于 AK（Access Key ID）/SK（Secret Access Key）认证。若使用 AK/SK 认证，则需使用华为镜像，或使用方式 1 引入 jar 包；若不使用 AK/SK 认证，则需将 pom.xml 文件中 java-sdk-core 的依赖移除，并将 com.huawei.demo.apig.SignUtil.java 这个类注释掉。

使用华为镜像方式的步骤如下。

（1）在 maven 的 settings.xml 文件中配置用户名和密码。

```
<servers>
    <servers>
        <id>devcloud</id>
        <username>anonymous</username>
        <password>devcloud</password>
    </servers>
</servers>
```

（2）配置华为镜像。

```
<mirror>
    <id>devcloud</id>
    <mirrorOf>*</mirrorOf>
    <url>https://mirrors.huaweicloud.com/repository/maven/huaweicloudsdk/</>
</mirror>
```

4. 获取 Token

在访问物联网平台业务接口前，应用服务器需要调用"获取 IAM 用户 Token"接口鉴权，华为云认证通过后向应用服务器返回鉴权令牌 X-Subject-Token。下面基于调用 API 接口的 Java 代码样例，介绍"鉴权"接口的调用方法。

（1）在 IntelliJ IDEA 导入的样例代码中选中文件"JavaApiDemo"→"src"→"main"→"java"→"com.huawei.util"→"Constants.java"，修改 TOKEN_BASE_URL、IOTDM_BASE_URL，如以下代码所示。TOKEN_BASE_URL 填写 IAM 服务对接地址，IOTDM_BASE_URL 填写设备管理服务对接地址。

```java
public class Constants {
    public static final String TOKEN_BASE_URL = "https://iam.cn-north-4.myhuaweicloud.com";
    public static final String IOTDM_BASE_URL = "https://iotda.cn-north-4.myhuaweicloud.com";
    public static final String TOKEN_ACCESS_URL = TOKEN_BASE_URL + "/v3/auth/tokens";
    public static final String DEVICE_COMMAND_URL = IOTDM_BASE_URL + "/v5/iot/%s/devices";
    public static final String PRODUCT_COMMAND_URL = IOTDM_BASE_URL + "/v5/iot/%s/products";
}
```

（2）在 IntelliJ IDEA 导入的样例代码中选中文件"JavaApiDemo"→"src"→"main"→"java"→"com.huawei.demo.auth"→Authentication.java"。将账户信息修改为自己的账户信息后，右键单击"Authentication.java"选项，选择"Run Authentication.main()"，运行代码。

```java
domainDTO.setName("******");
userDTO.setName("******");
userDTO.setPassword("******");
```

（3）在控制台查看响应消息的打印日志，如果获得 Token，则说明鉴权成功，如图 6-50 所示。Token 请妥善保存，以便在调用其他接口时使用。如果没有得到正确的响应，请检查全局常量是否修改正确，并排除网络问题。

代码中每次获取新的 Token 时都会优先从文件中获取之前保存的 Token，如果 Token 失效，则需将图 6-51 所示的 token.text 文件删除，重新获取。

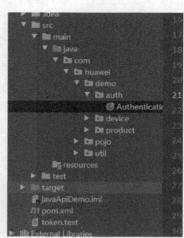

图 6-50　在控制台查看响应消息的打印日志　　　　图 6-51　token.text 文件

5. 设备注册（Token 认证方式）

在设备接入物联网平台前，应用服务器需要调用"注册设备"接口，在物联网平台注册设备。设备接入物联网平台时携带设备唯一标识，完成设备的接入认证。下面基于调用 API 接口的 Java 代码样例讲解 "注册设备" 接口的调用。

（1）在 IntelliJ IDEA 导入的样例代码中选中文件 "JavaApiDemo" → "src" → "main" → "java" → "com.huawei.demo.device" → "CreateDevice.java"，修改 secret、timeout、deviceName、nodeId、productId 等参数，将获取的 Token 放入 X-Auth-Token 的请求头中。

```
authInfo.setAuth_type("SECRET");
authInfo.setSecret("123456678");
authInfo.setSecure_access(true);
authInfo.setTimeout(300);

addDevice.setAuth_info(authInfo);
addDevice.setDescription("test device");
addDevice.setDevice_name("test_deviceName2");
addDevice.setNode_id("1111222223333444");
addDevice.setProduct_id("5e09f371334dd4f337056da0");

Map<String, String> headers = new HashMap<String, String>();
headers.put("Content-Type", "application/json");
headers.put("X-Auth-Token", token);
```

（2）在 IntelliJ IDEA 中选中 CreateDevice.java 文件，选择 "Run CreateDevice.main()" 运行代码。

（3）在控制台查看响应消息的打印日志，如果所有类型的订阅均获得图 6-52 所示的 "201" 响应，并且有 Device ID 返回，则说明注册成功。

图 6-52　在控制台查看 "201" 响应

6. 查询设备（Token 认证方式）

当应用服务器需要查询在物联网平台注册的设备详情时，可以调用 "查询设备" 接口。下面基于调用 API 接口的 Java 代码样例讲解 "查询设备" 接口的调用。

（1）在 IntelliJ IDEA 导入的样例代码中选中文件 "JavaApiDemo" → "src" → "main" → "java" → "com.huawei.demo.device" → "QueryDeviceList.java"，修改对应的参数。

```
String project_id = "23123";
String url = Constants.DEVICE_COMMAND_URL;
url = String.format(url, project_id);
Map<String, String> header = new HashMap<String, String>();
header.put("Content-Type", "application/json");
header.put("X-Auth-Token", token);

Map<String, String> params = new HashMap<String, String>();
//params.put("gateway_id", "5e09f371334dd4f337056da0_gaoshang_001");
params.put("node_id", "gaoshang_001");

HttpUtils httpUtils = new HttpUtils();
httpUtils.initClient();
```

```
StreamClosedHttpResponse httpResponse = httpUtils.doGet(url, header, params);
System.out.println(httpResponse.getStatusLine());
System.out.println(httpResponse.getContent());
```

（2）右键单击"QueryDeviceList"选项，并选择"Run QueryDeviceList.main()"选项，运行代码。

（3）在控制台查看响应消息的打印日志，如果获得"Device ID"，则说明查询成功，如图 6-53 所示。

图 6-53　获得"Device ID"，查询成功

7. 设备注册（AK/SK 认证方式）

在访问物联网平台业务接口前，除了可以使用 Token 鉴权之外，还可以使用 AK/SK 认证鉴权。下面基于调用 API 接口的 Java 代码样例讲解 AK/SK 鉴权接口的调用。

（1）在 IntelliJ IDEA 导入的样例代码中选中文件"JavaApiDemo" → "src" → "main" → "java" → "com.huawei.demo.device" → "CreateDeviceByAK.java"，修改对应的参数，并调用 SignUtil.signRequest()方法对请求进行签名。SignUtil.signRequest()方法的 5 个参数的含义分别为：调用的 URL、请求方式、请求头、请求体和 URL 上需要拼接的参数。

```
authInfo.setAuth_type("SECRET");
authInfo.setSecret("123456678");
authInfo.setSecure_access(true);
authInfo.setTimeout(300);

addDevice.setAuth_info(authInfo);
addDevice.setDescription("test device");
addDevice.setDevice_name("test_deviceName2");
addDevice.setNode_id("1111222223333444");
addDevice.setProduct_id("5e09f371334dd4f337056da0");

Map<String, String> headers = new HashMap<String, String>();
headers.put("Content-Type", "application/json");

String project_id = "11111";
String url = Constants.DEVICE_COMMAND_URL;
url = String.format(url, project_id);

HttpRequestBase httpRequestBase = SignUtil.signRequest(url,"POST",headers,
JsonUtils.Obj2String(addDevice), null);
```

（2）在 IntelliJ IDEA 导入的样例代码中选中文件"JavaApiDemo" → "src" → "main" → "java" → "com.huawei.demo.apig" → "SignUtil.java"，在 signRequest()方法中设置对应的 AK 与 SK。

```
request.setKey("QTWAOYTTINDUT2QVKYUC");                    //设置 AK
request.setSecret("MFyfvK41ba2giqM7**********KGpownRZlmVmHc"); //设置 SK
```

（3）在 IntelliJ IDEA 导入的样例代码中选中文件 CreateDeviceByAK.java，选择"Run

CreateDeviceByAK.main()"选项，运行代码。

（4）在控制台查看响应消息的打印日志，如果所有类型的订阅均获得"201"响应，并且有 Device ID 返回，则说明注册成功，如图 6-54 所示。

图 6-54　获得"201"响应，注册成功

8.　查询设备（AK/SK 认证方式）

应用服务器需要查询在物联网平台注册的设备详情时，可以调用"查询设备"接口。下面基于调用 API 接口的 Java 代码样例讲解"查询设备"接口的调用。

（1）在 IntelliJ IDEA 导入的样例代码中选中文件"JavaApiDemo"→"src"→"main"→"java"→"com.huawei.demo.device"→"QueryDeviceListByAK.java"，修改对应的参数，并对请求进行签名，且替换签名方法中的 AK/SK（参考设备注册 AK/SK 认证）。

```java
public class CreateDeviceByAK {
    public static void main(String[] args) throws NoSuchAlgorithmException,
KeyManagementException {
        AddDevice addDevice = new AddDevice();
        AuthInfo authInfo = new AuthInfo();

        authInfo.setAuth_type("SECRET");
        authInfo.setSecret("123456678");
        authInfo.setSecure_access(true);
        authInfo.setTimeout(300);

        addDevice.setAuth_info(authInfo);
        addDevice.setDescription("test device");
        addDevice.setDevice_name("test_deviceName2");
        addDevice.setNode_id("1111222223333444");
        addDevice.setProduct_id("5e09f371334dd4f337056da0");

        Map<String, String> headers = new HashMap<String, String>();
        headers.put("Content-Type", "application/json");

        String project_id = "11111";
        String url = Constants.DEVICE_COMMAND_URL;
        url = String.format(url, project_id);

        HttpRequestBase httpRequestBase = SignUtil.signRequest(url, "POST", headers,
JsonUtils.Obj2String(addDevice), null);

        HttpUtils httpUtils = new HttpUtils();
        httpUtils.initClient();

        StreamClosedHttpResponse httpResponse = (StreamClosedHttpResponse)httpUtils.execute
(httpRequestBase);

        System.out.println(httpResponse.getContent());
    }
}
```

109

（2）右键单击"QueryDeviceListByAK"选项，并选择"Run QueryDeviceListByAK.main()"选项，运行代码。

（3）在控制台查看响应消息的打印日志，如果获得 Device ID，则说明查询成功，如图 6-55所示。

图 6-55　获得 Device ID，查询成功

9. 单步调测

为了更直观地查看应用程序发送的消息及物联网平台的响应消息，下面介绍 IntelliJ IDEA 的断点调试方法。

（1）在最终发出 HTTP/HTTPS 消息的代码处设置断点。例如，在样例代码"HttpsUtil.java"中的"execute"方法中设置 3 个断点（请根据自己代码的实际情况设置断点），如图 6-56 所示。

图 6-56　设置断点

（2）右键单击需要调测的类，如 CreateDevice.java，选择"Debug"→"CreateDevice.main()"选项。

（3）当程序在断点位置停止运行后，单击"Step Over"按钮进行单步调测。此时可以在"Variables"界面查看相应变量的内容，包括发送的消息及物联网平台的响应消息，如图 6-57所示。

图 6-57　在"Variables"界面查看变量

（4）在"Variables"界面中展开"request"变量，查看请求消息的内容。

① 选中"request"变量时，在 uri 展示区可以看到应用程序发送请求的 URL；在 entity 展示区可以看到发送的消息内容，如图 6-58 所示。

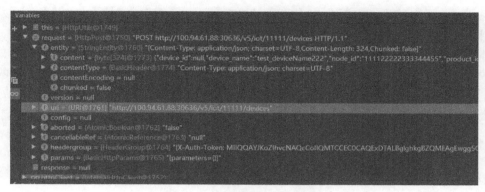

图 6-58　uri 展示区和 entity 展示区

② Token 信息则包含在 headergroup 展示区中，如图 6-59 所示。

图 6-59　headergroup 展示区中的 Token 信息

（5）在"Variables"界面中的"response"展示区，查看响应消息的内容，如图 6-60 所示。

图 6-60　在"response"展示区查看响应消息的内容

在代码样例中，Authentication.java 之外的类均会先调用鉴权接口。因此，在对 Authentication.java 之外的类进行单步调测时，如果需要重新获取 Token，则需要在程序第二次运行到设置断点的位置时，再查看变量内容。

6.5 本章小结

　　基于华为云物联网平台实现一个物联网解决方案时，需要完成产品开发、设备侧开发、应用侧开发和日常管理等工作。

　　本章对华为云物联网平台集成开发进行了详细讲解。首先介绍产品开发中创建产品、开发产品模型、开发编解码插件、在线调测等关键操作，然后讲解使用 MQTTS/MQTT 协议的设备如何通过 IoT Device SDK 接入华为云物联网平台，最后介绍应用侧开发流程和 RESTful API 的分组及说明。

【思考题】

1. 华为云物联网平台集成开发的业务流程是什么？
2. 华为云物联网平台产品开发的基本流程是什么？
3. 设备如何使用 IoT Device SDK 接入华为物联网平台？

第 7 章
华为云物联网平台集成开发案例

前面几章讲解了华为云物联网平台的基础知识、行业解决方案、核心能力、安全机制和集成开发基础，偏重理论知识的讲解。本章介绍一个智慧路灯的开发案例，通过实操的方式讲解如何基于华为云物联网平台创建产品、定义产品模型、开发编解码插件、注册设备和开发设备。

学习目标

① 熟悉华为云物联网平台集成开发流程。

② 具备基于华为云物联网平台的集成开发能力。

7.1 前期准备

智慧路灯是智慧城市的重要组成部分，智慧路灯的使用可以减少公共照明能耗以及因照明问题而引起的交通事故。由于路灯是大家在日常生活中能够直接接触到的公共设施，是一种容易理解的智能化场景，所以本章基于华为一站式开发工具平台，从设备、平台、应用端到端地详细讲解一个智慧路灯解决方案，带领用户体验十分钟快速上云。本章介绍的智慧路灯案例的软硬件系统结构示意图如图 7-1 所示。

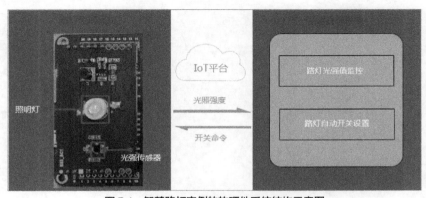

图 7-1 智慧路灯案例的软硬件系统结构示意图

本案例需要准备的软硬件环境如下。

开发板：小熊派开发板（含 NB 卡、NB 模组、智慧路灯功能模块等）。

配件：数据线。

IDE 环境：已安装 IoT Link Studio 插件。若未安装，请参考 7.6 节进行安装。

物联网平台：已开通设备接入服务。

小熊派开发板如图 7-2 所示，图中标出了调试、供电、程序烧录接口和 SIM 卡插口，需要注意的是向小熊派开发板插卡的时候，卡的缺口朝外，并将串口选择开关拨到"MCU 模式"。

图 7-2　小熊派开发板

7.2　创建产品

下面介绍本案例中涉及的产品的创建步骤。

（1）登录华为云官方网站，依次单击"产品"→"IoT 物联网"→"物联网云服务"→"设备接入 IoTDA"选项，访问设备接入服务。

（2）单击"立即使用"选项，进入设备接入控制台。

（3）在设备接入控制台中单击左侧导航栏的"产品"选项，单击右侧下拉框，选择新建产品所属的资源空间，如图 7-3 所示。

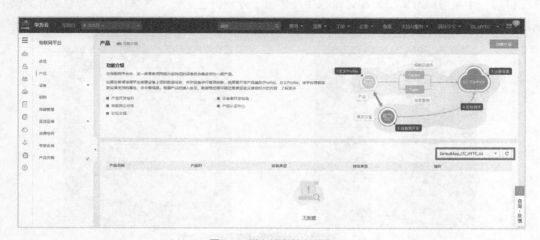

图 7-3　进入设备接入平台

（4）单击图 7-3 右上角的"创建产品"按钮，创建一个基于 CoAP 的产品，填写参数后，单击"立即创建"按钮，如图 7-4 所示。

图 7-4　创建一个基于 CoAP 的产品

创建产品的基本信息和功能定义如表 7-1 和表 7-2 所示。

表 7-1　　　　　　　　　　　　　　创建产品的基本信息

信息的名称	信息的内容
所属资源空间	选择需要归属到的资源空间
产品名称	自定义，如"BearPi_StreetLight"
协议类型	选择"LwM2M/CoAP"选项
数据格式	选择"二进制码流"选项
厂商名称	自定义，如"BearPi"

表 7-2　　　　　　　　　　　　　　创建产品的功能定义

功能的名称	功能的定义
选择模型	物联网平台提供了 3 种创建模型的方法，此处使用自定义产品模型的方法
所属行业	智慧城市
设备类型	StreetLight

（5）产品创建成功后，在图 7-5 所示界面中单击"详情"链接进入产品详情页面，进行后续操作。

产品名称	产品ID	设备类型	协议类型	操作
BearPi_StreetLight	5e841477eb34e909eb1da1a2	StreetLight	CoAP	详情 删除
BearPiKit_hauwei_model	5e840d41ac9b2a0790e2295b	BearPiKit	CoAP	详情 删除

图 7-5　产品创建成功界面

7.3　定义产品模型

产品模型（也称 Profile）用于描述设备具备的能力和特性。本节在华为云物联网平台构建设备的抽象模型，其目的是使平台理解该款设备支持的服务、属性、命令等信息。

进入产品详情的"功能定义"选项卡，单击"自定义功能"按钮，配置产品的服务，如图7-6所示。

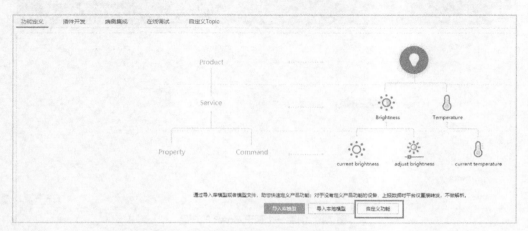

图7-6 在"功能定义"页面中自定义产品模型

服务能力用于描述设备具备的业务能力。需要将设备业务能力拆分成若干个服务后，再定义每个服务具备的属性、命令以及命令的参数。智慧路灯有多种能力，如实时按键检测、LED灯控制、实时检测光照强度、实时检测信号质量等。Profile 文件在描述智慧路灯的能力时，可以将智慧路灯的能力划分为 4 个服务，每个服务都需要定义各自的上报属性或命令。智慧路灯的 Profile 文件说明如表 7-3 所示。

表 7-3 智慧路灯的 Profile 文件说明

服务名称（Service ID）	服务描述
Button	实时按键检测
LED	LED 灯控制
Sensor	实时检测光照强度
Connectivity	实时检测信号质量

每个服务可以包含属性和命令，也可以只包含其中之一，下面详细介绍智慧路灯 4 个服务的属性和命令。

1. Button 服务

Button 服务用于实时按键检测，其属性及设置如表 7-4 所示。

表 7-4 Button 服务的属性及设置

服务名称	属性名称	数据类型	数据范围
Button	toggle	int	0～65535

新建 Button 服务的步骤如下。

（1）进入"新增服务"页面，在"服务名称"文本框中填写"Button"，并填写服务描述，单击"确认"按钮，如图 7-7 所示。

图 7-7　新增 Button 服务

（2）在"Button"的下拉菜单中单击"添加属性"选项，填写相关信息，单击"确认"按钮，如图 7-8 所示。

图 7-8　为 Button 服务新增属性

2. LED 服务

LED 服务用于 LED 灯控制，其命令及设置如表 7-5 所示。

表 7-5　　　　　　　　　　　　　　　　LED 服务的命令及设置

服务名称	命令名称	命令字段	字段名称	类型	数据长度	枚举
LED	Set_Led	下发命令	led	string	3	ON,OFF
		响应命令	light_state	string	3	ON,OFF

新建 LED 服务的步骤如下。

（1）进入"新增服务"页面，填写服务名称"LED"，填写服务描述后，单击"确认"按钮。

（2）在"LED"下拉菜单下选择"添加命令"选项，输入命令名称"Set_Led"，如图 7-9 所示。

（3）在"新增命令"对话框中单击"新增输入参数"按钮，填写相关信息后，单击"确认"按钮，如图 7-10 所示。

在"新增命令"对话框中单击"新增输出参数"按钮，填写相关信息后，单击"确认"按钮，如图 7-11 所示。

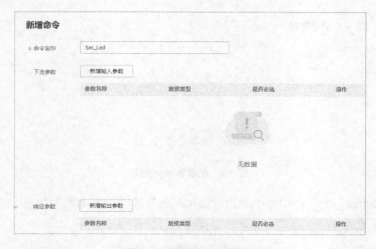

图 7-9 添加 Set_Led 命令

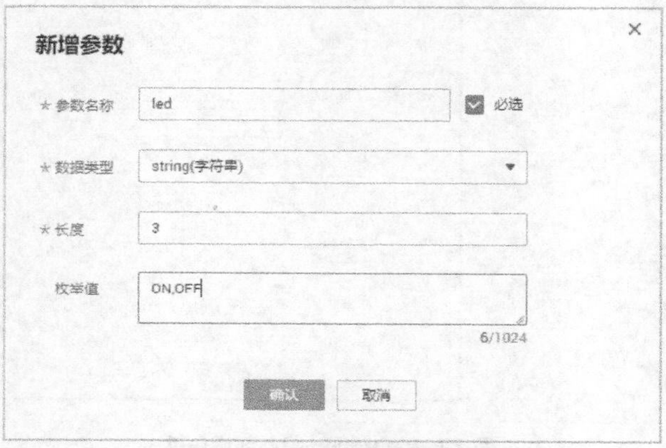

新增参数   ×

★ 参数名称   led   ☑ 必选

★ 数据类型   string(字符串)   ▼

★ 长度   3

  枚举值   ON,OFF

                                                    6/1024

              确认   取消

图 7-10 新增输入参数 led

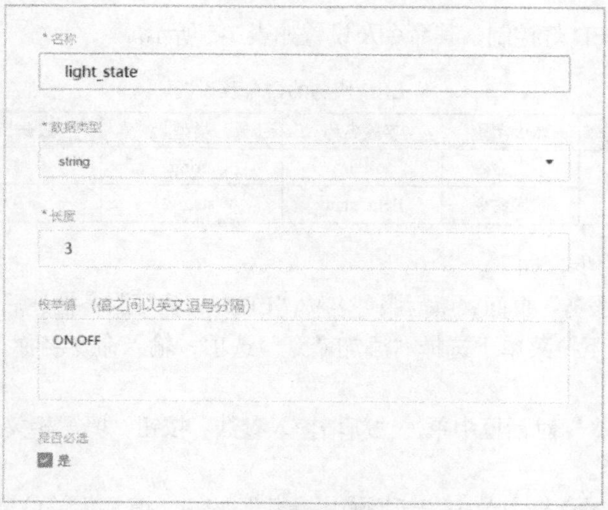

* 名称

light_state

* 数据类型

string   ▼

* 长度

3

枚举值 (值之间以英文逗号分隔)

ON,OFF

是否必选
☑ 是

图 7-11 新增输出参数 light_state

3. Sensor 服务

Sensor 服务用于实时检测光照强度，其属性及设置如表 7-6 所示。

表 7-6　　　　　　　　　　　　　　　Sensor 服务的属性及设置

服务名称	属性名称	数据类型	数据范围
Sensor	luminance	int	0 ～ 65535

新建 Sensor 服务的步骤如下。

（1）进入"新增服务"页面，填写服务名称"Sensor"，填写服务描述后，单击"确认"按钮。

（2）在"Sensor"下拉菜单下单击"添加属性"选项，填写相关信息，单击"确认"按钮，如图 7-12 所示。

图 7-12　为 Sensor 服务新增属性

4. Connectivity 服务

Connectivity 服务用于实时检测信号质量，其属性及设置如表 7-7 所示。

表 7-7　　　　　　　　　　　　　　Connectivity 服务的属性及设置

服务名称	属性名称	数据类型	数据范围
Connectivity	SignalPower	int	−140～−44
	ECL	int	0～2
	SNR	int	−20～30
	CellID	int	0～65535

新建 Connectivity 服务的步骤如下。

（1）进入"新增服务"页面，填写服务名称"Connectivity"，填写服务描述后，单击"确认"按钮。

（2）在"Connectivity"下拉菜单下依次单击"添加属性"选项，分别添加 SignalPower、ECL、SNR、CellID 属性，填写相关信息，单击"确认"按钮，如图 7-13～图 7-16 所示。

新增属性
* 属性名称
SignalPower
必选
* 数据类型
int(整型)
* 访问权限
可读
可写
可执行
* 取值范围
-140
-44
步长
单位
确认
取消

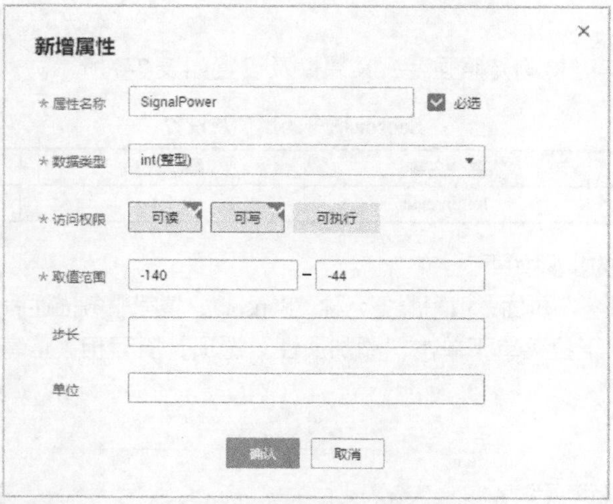

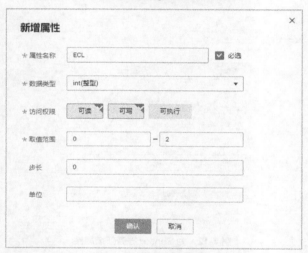

图 7-13　新增 SignalPower 属性

新增属性
* 属性名称
ECL
必选
* 数据类型
int(整型)
* 访问权限
可读
可写
可执行
* 取值范围
0
2
步长
0
单位
确认
取消

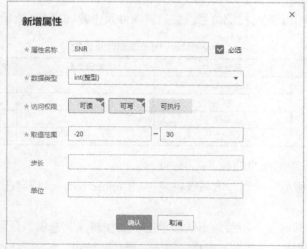

图 7-14　新增 ECL 属性

新增属性
* 属性名称
SNR
必选
* 数据类型
int(整型)
* 访问权限
可读
可写
可执行
* 取值范围
-20
30
步长
单位
确认
取消

图 7-15　新增 SNR 属性

图 7-16　新增 CellID 属性

7.4　开发编解码插件

（1）在产品详情的"插件开发"页面，单击左上角"图形化开发"按钮，再单击下方"图形化开发"按钮，如图 7-17 所示。

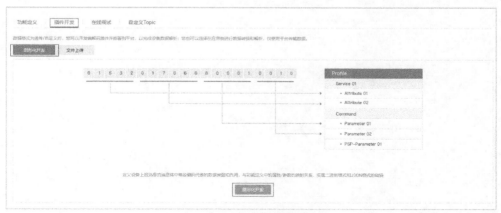

图 7-17　图形化开发

（2）在"在线开发插件"区域，单击图 7-18 所示的"新增消息"按钮，出现图 7-19 所示界面。注意，请按照本节的操作开发编解码插件，确保添加字段的顺序和本节提供的顺序保持一致。

（3）新增消息 Report_Connectivity，详细配置示例如图 7-19 所示。

- 消息名：Report_Connectivity。
- 消息类型：数据上报。
- 添加响应字段：是。
- 响应数据：AAAA0000（默认）。

图 7-18　新增消息

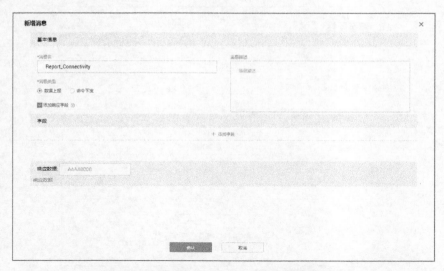

图 7-19　新增消息 Report_Connectivity 的详细配置

①　在"新增消息"页面，单击"添加字段"按钮，勾选图 7-20 中的"标记为地址域"复选框，添加地址域字段 messageId，然后单击"确认"按钮。

图 7-20　添加地址域字段 messageId

② 单击"添加字段"按钮，添加 SignalPower 字段，数据类型为 int16s（16 位有符号整型），单击"完成"按钮，如图 7-21 所示。

③ 单击"添加字段"按钮，添加 ECL 字段，数据类型为 int16s（16 位有符号整型），单击"完成"按钮，如图 7-22 所示。

图 7-21　添加 SignalPower 字段

图 7-22　添加 ECL 字段

④ 单击"添加字段"按钮，添加 SNR 字段，数据类型为 int16s（16 位有符号整型），单击"完成"按钮，如图 7-23 所示。

⑤ 单击"添加字段"按钮，添加 CellID 字段，数据类型为 int32s（32 位有符号整型），单击"确认"按钮，如图 7-24 所示。

经过以上步骤，完成消息 Report_Connectivity 的配置，单击"确认"按钮。

（4）新增消息 Report_Toggle，详细配置示例如图 7-25 所示。

- 消息名：Report_Toggle。
- 消息类型：数据上报。
- 添加响应字段：是。
- 响应数据：AAAA0000（默认）。

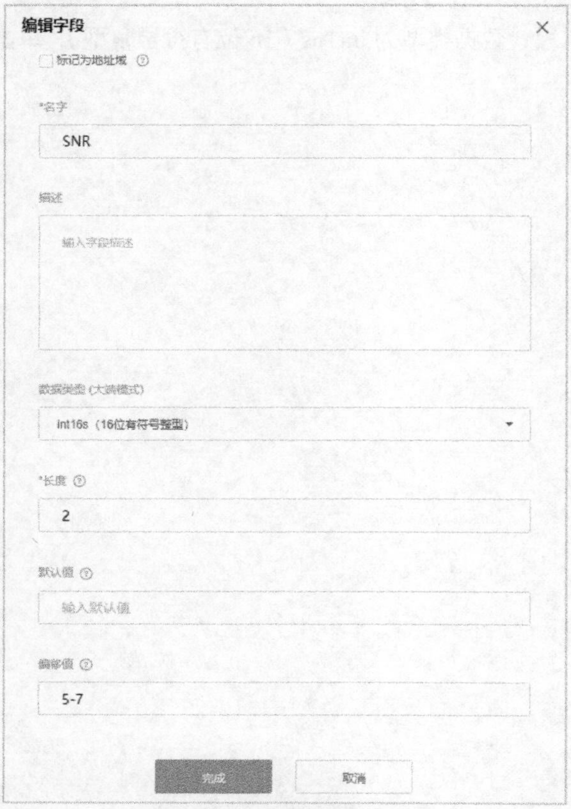

编辑字段 ✕

☐ 标记为地址域 ⑦

*名字

SNR

描述

输入字段描述

数据类型（大端模式）

int16s（16位有符号整型） ▾

*长度 ⑦

2

默认值 ⑦

输入默认值

偏移值 ⑦

5-7

完成　　取消

图 7-23　添加 SNR 字段

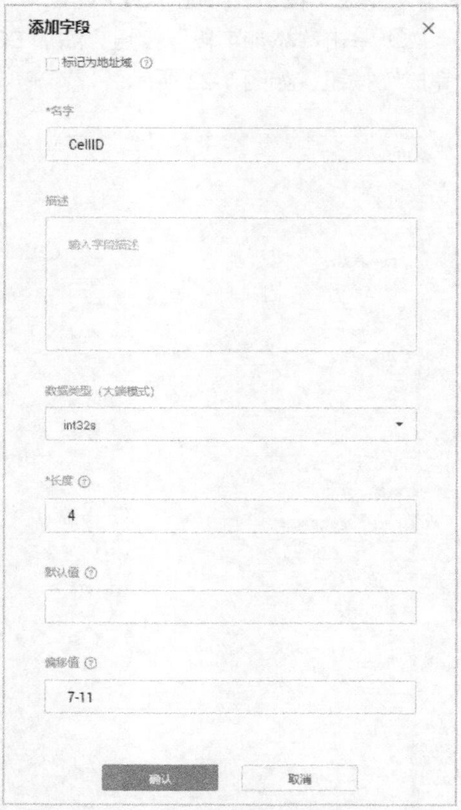

添加字段 ✕

☐ 标记为地址域 ⑦

*名字

CellID

描述

输入字段描述

数据类型（大端模式）

int32s ▾

*长度 ⑦

4

默认值 ⑦

偏移值 ⑦

7-11

确认　　取消

图 7-24　添加 CellID 字段

图 7-25　新增消息 Report_Toggle 的详细配置

① 在"新增消息"页面，单击"添加字段"按钮，勾选图 7-26 中的"标记为地址域"复选框，添加地址域字段 messageId，然后单击"确认"按钮。

② 单击"添加字段"按钮，添加 toggle 字段，数据类型为 int16u（16 位无符号整型），单击"确认"按钮，如图 7-27 所示。

图 7-26　添加地址域字段 messageId

图 7-27　添加 toggle 字段

经过以上步骤，完成消息 Report_Toggle 的配置，单击"确认"按钮。

（5）新增消息 Report_Sensor，消息名为 Report_Sensor，消息类型为数据上报，如图 7-28 所示。

图 7-28　新增消息 Report_Sensor

① 在"新增消息"页面，单击"添加字段"按钮，勾选"标记为地址域"复选框，添加地

址域字段 messageId，然后单击"确认"按钮，如图 7-29 所示。

② 单击"添加字段"按钮，添加 data 字段，数据类型为 int16u（16 位无符号整型），单击"确认"按钮，如图 7-30 所示。

图 7-29　添加地址域字段 messageId

图 7-30　添加 data 字段

经过以上步骤，完成消息 Report_Sensor 的配置，单击"确认"按钮。

（6）新增消息 Set_Led，详细配置示例如图 7-31 所示。

- 消息名：Set_Led。
- 消息类型：命令下发。
- 添加响应字段：是。

① 在"新增消息"页面，单击"添加字段"按钮，勾选"标记为地址域"复选框，添加地址域字段 messageId，然后单击"确认"按钮，如图 7-32 所示。

② 单击"添加字段"按钮，在"添加字段"对话框中勾选"标记为响应标识字段"复选框，添加响应标识字段 mid，然后单击"确认"按钮，如图 7-33 所示。

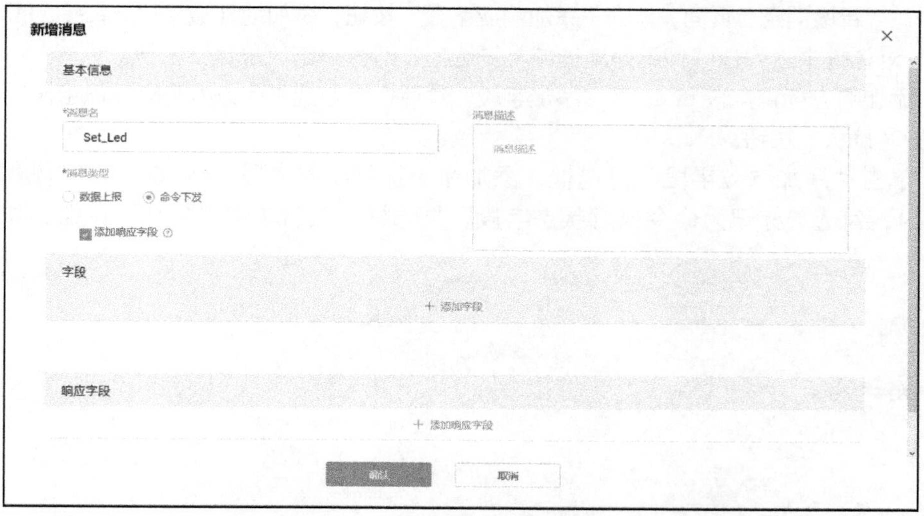

图 7-31 新增消息 Set_Led 的详细配置

图 7-32 添加地址域字段 messageId

图 7-33 添加响应标识字段 mid

③ 单击"添加字段"按钮，添加 led 字段，字段名字为 led，数据类型为 string（字符串类型），长度为 3，然后单击"完成"按钮，如图 7-34 所示。

④ 在"新增消息"页面，单击"添加响应字段"按钮，添加地址域字段 messageId。在"添加字段"对话框中，勾选"标记为地址域"复选框，然后单击"确认"按钮。

⑤ 添加响应标识字段 mid。在"添加字段"对话框中勾选"标记为响应标识字段"复选框，然后单击"确认"按钮。

⑥ 单击"添加响应字段"复选框，添加命令执行状态字段 errcode。在"添加字段"对话框中，勾选"标记为命令执行状态字段"复选框，然后单击"确认"按钮，如图 7-35 所示。

图 7-34　添加 led 字段

图 7-35　添加命令执行状态字段 errcode

⑦ 单击"添加响应字段"复选框，添加 light_state 响应字段，数据类型为 string（字符串类型），长度为 3，然后单击"完成"按钮，如图 7-36 所示。

经过以上步骤，完成消息 Set_Led 的配置，单击"确认"按钮。

（7）如图 7-37 所示，拖动右侧设备模型区域的属性字段、命令字段和响应字段，与前面创建的 Report_Connectivity（数据上报消息）、Report_Toggle（数据上报消息）、Report_Sensor（数据上报消息）、Set_Led（命令下发消息）相应字段建立映射关系。这 4 个消息的对应关系分别如图 7-38～图 7-41 所示。

☐ 标记为地址域 ⑦

☐ 标记为响应标识字段 ⑦

☐ 标记为命令执行状态字段 ⑦

*名字

light_state

描述

输入字段描述

数据类型 (大端模式)

string (字符串类型) ▼

*长度 ⑦

3

默认值 ⑦

输入默认值

偏移值 ⑦

4-7

完成　　　　取消

图 7-36　添加 light_state 响应字段

图 7-37　建立映射关系界面

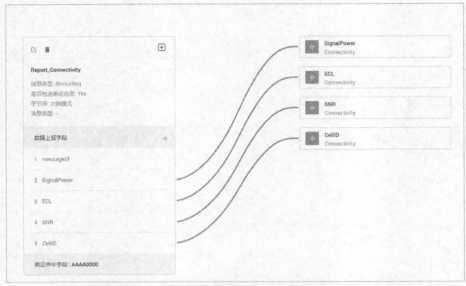

图 7-38　Report_Connectivity 消息与"设备模型"区域字段的映射关系

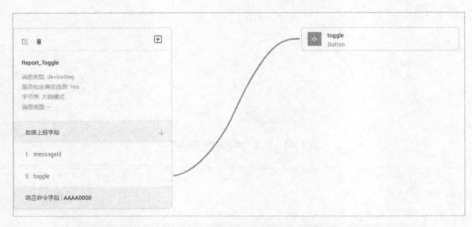

图 7-39　Report_Toggle 消息与"设备模型"区域字段的映射关系

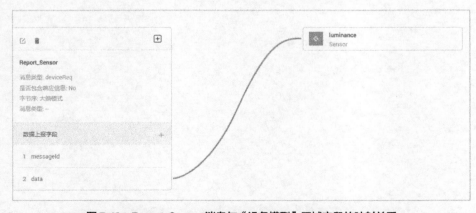

图 7-40　Report_Sensor 消息与"设备模型"区域字段的映射关系

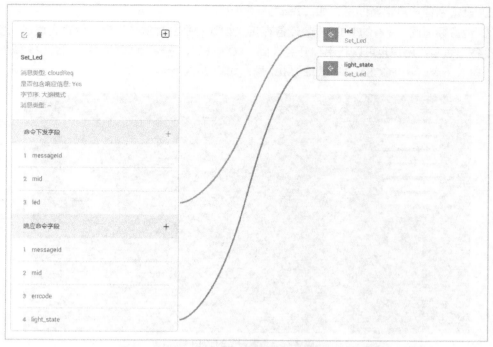

图 7-41　Set_Led 消息与"设备模型"区域字段的映射关系

（8）单击"保存"按钮，并在插件保存成功后单击"部署"按钮，将编解码插件部署到物联网平台。

7.5　注册设备

本节介绍集成 NB-IoT 模组设备的注册方法，详细步骤如下。

（1）在产品详情页面，选择"在线调试"选项卡，再单击"新增测试设备"选项，此处新增的是非安全的 NB-IoT 设备。

（2）在"新增测试设备"对话框中选择"真实设备"选项，并填写设备名称、设备标识码，如图 7-42 所示。

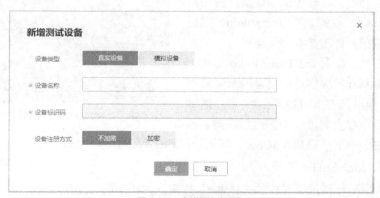

图 7-42　新增测试设备

131

① 设备名称：自定义即可，如"Test"。

② 设备标识码：设备的 IMEI 号，设备在接入物联网平台时携带该标识信息完成接入鉴权，可在设备上查看。用户也可以将串口开关拨到"PC 模式"，选择 STM 的端口，将波特率设置为 9600，输入指令"AT+CGSN=1"获取 IMEI 号，如图 7-43 所示。

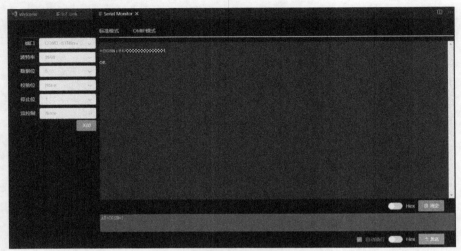

图 7-43　查看设备的 IMEI 号

③ 设备注册方式：不加密。

7.6　开发设备

1. 安装 IoT Link Studio 插件

IoT Link Studio 是用于物联网端侧开发的 IDE 环境，提供编译、烧录、调试的一站式开发功能，支持 C、C++、汇编等开发语言，方便用户快速、高效地进行物联网开发。IoT Link Studio 插件的安装步骤如下。

（1）下载并安装代码编辑器 Visual Studio Code（VSCode）。

（2）安装成功后，打开 VSCode 插件应用商店，搜索"iotlink"，找到 IoT Link Studio，然后单击"安装"按钮，如图 7-44 所示。

（3）首次启动、配置 IoT Link Studio。

IoT Link Studio 首次启动时会自动从网络下载最新的 SDK 包以及 GCC 依赖环境，用户需确保网络可用。用户在安装过程中需耐心等待，不要关闭窗口。安装完成后重启 VSCode，即可使插件生效，如图 7-45 所示。

图 7-44　在 VSCode 插件应用商店搜索"iotlink"

2. 配置 IoT Link Studio 工程

（1）单击 VSCode 底部工具栏的"Home"按钮，如图 7-46 所示。

图 7-45　首次启动、配置 IoT Link Studio

图 7-46　单击"Home"按钮

（2）在弹出的界面中单击"创建 IoT 工程"选项，输入工程名称、工程目录，选择开发板的硬件平台和示例工程模板，如图 7-47 所示。

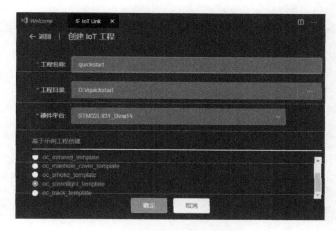

图 7-47　创建 IoT 工程

（3）单击"确定"按钮，导入完成。

3. 编译并烧录代码

（1）单击 VSCode 底部工具栏的"Build"按钮，等待系统编译完成。编译成功后，界面显示"编译成功"，如图 7-48 所示。

图 7-48　编译代码

（2）单击 VSCode 底部工具栏的"Download"按钮，等待系统烧录完成。烧录成功后，界面显示"烧录成功"，如图 7-49 所示。

图 7-49　烧录代码

4. 数据上报

平台和开发板建立连接后，即可上报光照传感器数据。用户可以改变光照强度，也可以查看设备数据上报给平台后的变化。

（1）登录"设备接入服务控制台"，依次选择"设备"→"所有设备"选项。

（2）选择 7.5 节中添加的设备，单击"查看"选项进入设备详情页面，查看上报到平台的数据，如图 7-50 所示。

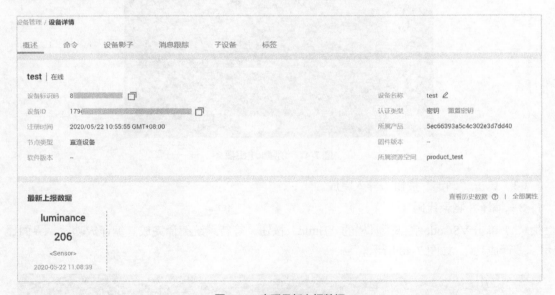

图 7-50　查看最新上报数据

5. 命令下发

（1）登录"设备接入服务控制台"，依次选择"设备"→"所有设备"选项。

（2）选择 7.5 节中添加的设备，单击"查看"选项进入设备详情页面。

（3）选择"命令"选项卡，单击"命令下发"按钮，设置命令参数后，单击"确定"按钮，如图 7-51 所示。

图 7-51　命令下发操作

（4）下发 OFF 命令后，小熊派开发板点亮的灯熄灭。

6. 使用工具定位模组通信问题

IoT Link Studio 在与物联网平台连通使用时，可使用通信模组检测工具快速定位 Quectel_BC35-G&BC28&BC95 模组与云端的连通性问题，提高开发效率。下面以小熊派开发板为例，介绍如何使用通信模组检测工具定位常见问题，如设备无法上线、数据上报不成功等。

（1）依次单击菜单栏中的"工具"→"通信模组检测工具"选项或直接单击工具栏中的 图标，打开通信模组检测工具，如图 7-52 所示。

图 7-52　打开通信模组检测工具

（2）单击"串口配置"按钮，如图 7-53 所示。

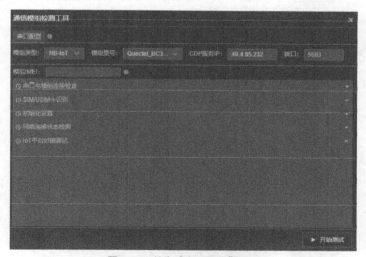

图 7-53　单击"串口配置"按钮

（3）获取 PC 与开发板连接的实际串口号。选择"控制面板"→"硬件和声音"→"设备管理器"选项，在"端口"子菜单下，找到连接设备的串口号，如"COM27"，如图 7-54 所示。

图 7-54 查看连接设备的串口号

（4）在"串口配置"界面，端口选择步骤（3）获取的与开发板连接的串口号（如"COM27"），波特率配置为"9600"，然后单击"应用"按钮，如图 7-55 所示。

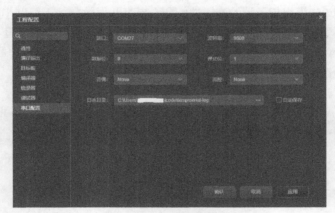

图 7-55 "串口配置"界面

（5）将与 PC 连接的通信模组上的开关拨至 PC 侧，如图 7-56 所示。

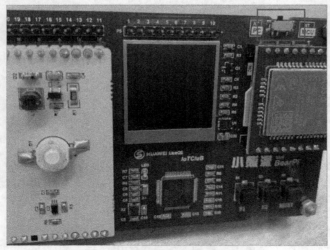

图 7-56 将通信模组上的开关拨至 PC 侧

（6）单击"开始测试"按钮，如果通信正常，测试结果如图 7-57 所示。

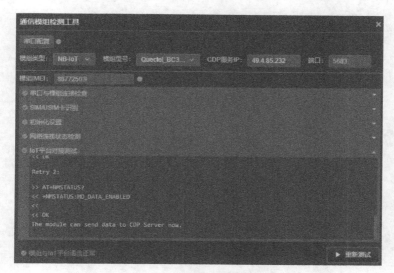

图 7-57　通信正常的显示

模组与物联网平台通信的异常情况主要有串口打开失败、模组连接异常/模组损坏、SIM 卡未正确插入卡槽、模组未在物联网平台注册等，下面对这些常见异常和检测方法进行详细介绍。

（1）串口打开失败

如果测试结果为"串口打开失败"，如图 7-58 所示，请检查串口配置是否正确，即端口号是否为实际端口号，波特率是否设置为"9600"。

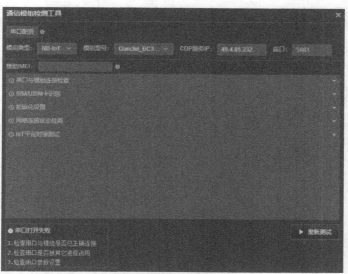

图 7-58　串口打开失败

（2）模组连接异常/模组损坏

如果测试结果为"AT 指令无法正常发送"，如图 7-59 所示，请检查开发板上的开关是否已拨至 PC 侧、模组是否损坏以及模组是否正确插入卡槽。

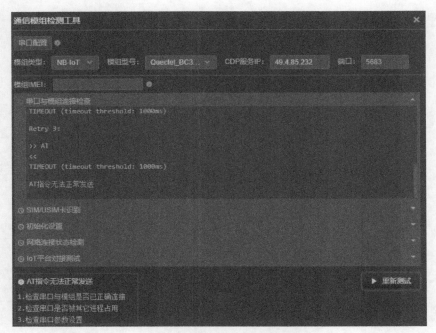

图 7-59 AT 指令无法正常发送

（3）SIM 卡未正确插入卡槽

如果测试结果为"设置终端射频电路启用完整功能失败"，如图 7-60 所示，请检查开发板上的 SIM 卡是否正反面或者方向插错，以及检查 SIM 卡的有效性。

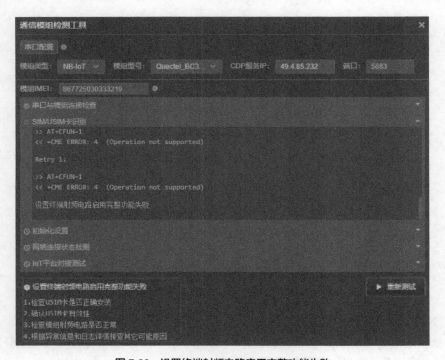

图 7-60 设置终端射频电路启用完整功能失败

（4）模组未在物联网平台注册

如果测试结果为"LWM2M 协议信息注册状态：REJECTED_BY_SERVER"，如图 7-61 所示，请在物联网平台注册该模组。

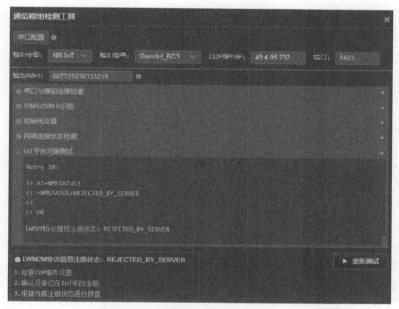

图 7-61　LWM2M 协议信息注册状态：REJECTED_BY_SERVER

7.7　本章小结

本章以智慧路灯为例，基于小熊派开发板讲解了一个完整的华为云物联网平台集成开发案例，帮助读者掌握从设备、平台到应用端的物联网平台集成开发全流程。

【思考题】

基于小熊派开发板实现本章智慧路灯案例的开发和调试。